《数学中的小问题大定理》丛书（第七辑）

切博塔廖夫猜想

——从一道1978年全国高中数学竞赛试题谈起

刘培杰数学工作室 编著

◎有限域上的多项式
◎分圆多项式系数的性质
◎关于分圆多项式的系数
◎Q上分圆多项式的系数猜测及机器计算
◎三阶分圆多项式的系数
◎五大蒙蔽你的数学假象

HITP
哈爾濱工業大學出版社
HARBIN INSTITUTE OF TECHNOLOGY PRESS

内容简介

本书从一道 1978 年全国高中数学竞赛试题谈起，详细介绍了切博塔廖夫猜想的相关问题，共分 12 章：有限域上的多项式、分圆多项式系数的性质、**Q** 上分圆多项式的系数猜测及机器计算、分布与测度等，并配有大量相关文献，便于读者阅读使用.

本书适合大中专师生及数学爱好者参考阅读.

图书在版编目(CIP)数据

切博塔廖夫猜想：从一道 1978 年全国高中数学竞赛试题谈起/刘培杰数学工作室编著.—哈尔滨：哈尔滨工业大学出版社，2024.10—ISBN 978－7－5767－1614－6

Ⅰ.O174.14

中国国家版本馆 CIP 数据核字第 2024UZ5193 号

QIEBOTALIAOFU CAIXIANG：CONG YI DAO 1978 **NIAN QUANGUO GAOZHONG SHUXUE JINGSAI SHITI TANQI**

策划编辑　刘培杰　张永芹
责任编辑　张永芹　张　佳
封面设计　孙茵艾
出版发行　哈尔滨工业大学出版社
社　　址　哈尔滨市南岗区复华四道街 10 号　邮编 150006
传　　真　0451－86414749
网　　址　http://hitpress.hit.edu.cn
印　　刷　黑龙江艺德印刷有限责任公司
开　　本　787 mm×960 mm　1/16　印张 6.5　字数 124 千字
版　　次　2024 年 10 月第 1 版　2024 年 10 月第 1 次印刷
书　　号　ISBN 978－7－5767－1614－6
定　　价　38.00 元

◎目录

第1章 引言

世界著名数学家 E. J. Macshane 曾指出：

> 在一位数学家试图证明某些事以前，他必须猜想那些内容，在他的证明成功之前，他必须已经决定了证明的模式，这通常是从熟悉的手段中选出片断并把它们组合在一起的.通常他在想做证明之前需要预感，而为做出证明又需要窍门.

所以猜想是现代数学的一个重要组成部分. 本书就是从一道数学竞赛试题来谈代数学中的一个著名猜想.

我国著名数学家华罗庚先生曾在一本名为《数学归纳法》的书中举过一个例子：

例 $x-1=x-1$

$$x^2-1=(x-1)(x+1)$$
$$x^3-1=(x-1)(x^2+x+1)$$
$$x^4-1=(x-1)(x+1)(x^2+1)$$
$$x^5-1=(x-1)(x^4+x^3+x^2+x+1)$$
$$x^6-1=(x-1)(x+1)(x^2+x+1)(x^2-x+1)$$
$$\vdots$$

从上面这些恒等式，我们可以看出什么来呢？

我们可以看出一点："把 x^n-1 分解为不可再分解并且具有整系数的因式以后，各系数的绝对值都不超过 1."

这个命题是不是正确的呢？这就是所谓的切博塔廖夫(Chebotarev，1894—1947) 问题. 后来被伊凡诺夫(Ivanov，1862—

1939）找出了反例，他发现 $x^{105}-1$ 有下面的因式

$$x^{48}+x^{47}+x^{46}-x^{43}-x^{42}-2x^{41}-x^{40}-x^{39}+x^{36}+x^{35}+x^{34}+x^{33}+x^{32}+x^{31}-x^{28}-x^{26}-x^{24}-x^{22}-x^{20}+x^{17}+x^{16}+x^{15}+x^{14}+x^{13}+x^{12}-x^{9}-x^{8}-2x^{7}-x^{6}-x^{5}+x^{2}+x+1$$

其中 x^{41} 和 x^{7} 的系数都是 -2，它的绝对值大于 1.

于是，我们可以证明上面的命题，当 n 是素数的时候，总是对的；当 $n<105$ 的时候，也总是对的.

例子中提到的这两位数学家都是俄罗斯著名的数学家. 先说第一位：

切博塔廖夫，苏联人，1894 年 6 月 15 日生于卡明涅茨波多尔斯基，毕业于基辅大学. 他于 1927 年获数学物理学博士学位，1929 年当选为苏联科学院通讯院士，1912 年至 1916 年在基辅大学任教，1921 年至 1927 年在敖德萨大学任教，1927 年起任喀山大学教研室主任、教授，1943 年起任喀山物理－数学会会长. 他于 1947 年 7 月 2 日逝世，终年 54 岁.

切博塔廖夫在伽罗瓦理论、李群等领域做出了重大贡献，他的研究成果集中反映在专著《伽罗瓦理论》《李群论》中.

切博塔廖夫曾获苏联国家奖金(1947)、列宁勋章、劳动红旗勋章以及其他奖章. 苏联科学院还设立了切博塔廖夫奖金.

第二位是伊凡诺夫.

伊凡诺夫，苏联人，1862 年 8 月 11 日生于彼得堡，1886 年提前两年毕业于彼得堡大学，1891 年到彼得堡大学工作，1896 年到高级女子学校工作，1902 年获纯数学博士学位，同年成为教授，并在彼得堡工学院工作，1924 年成为苏联科学院通讯院士，1939 年 12 月 17 日逝世. 伊凡诺夫主要研究代数和数论，其博士论文就是研究素数分布的. 1891 年他由戴德金的理论推出佐洛塔列夫代数数论. 1893 年他又由后者推出前者.

类似的例子在数学中还有好多. 比如：

观察

$$\int_0^{\infty}\frac{\sin x}{x}\mathrm{d}x=\frac{\pi}{2}$$

$$\int_0^{\infty}\frac{\sin x}{x}\cdot\frac{\sin\left(\frac{x}{3}\right)}{\frac{x}{3}}\mathrm{d}x=\frac{\pi}{2}$$

$$\int_0^{\infty}\frac{\sin x}{x}\cdot\frac{\sin\left(\frac{x}{3}\right)}{\frac{x}{3}}\cdot\frac{\sin\left(\frac{x}{5}\right)}{\frac{x}{5}}\mathrm{d}x=\frac{\pi}{2}$$

$$\int_0^{\infty}\frac{\sin x}{x}\cdot\frac{\sin\left(\frac{x}{3}\right)}{\frac{x}{3}}\cdot\frac{\sin\left(\frac{x}{5}\right)}{\frac{x}{5}}\cdot\frac{\sin\left(\frac{x}{7}\right)}{\frac{x}{7}}\mathrm{d}x=\frac{\pi}{2}$$

$$\vdots$$

$$\int_0^{\infty}\frac{\sin x}{x}\cdot\frac{\sin\left(\frac{x}{3}\right)}{\frac{x}{3}}\cdot\cdots\cdot\frac{\sin\left(\frac{x}{13}\right)}{\frac{x}{13}}\mathrm{d}x=\frac{\pi}{2}$$

可否归纳得出：对 $\forall n\in\mathbf{N}$，有

$$\int_0^{\infty}\frac{\sin x}{x}\cdot\frac{\sin\left(\frac{x}{3}\right)}{\frac{x}{3}}\cdot\cdots\cdot\frac{\sin\left(\frac{x}{2n+1}\right)}{\frac{x}{2n+1}}\mathrm{d}x=\frac{\pi}{2}$$

结论是不行！因为

$$\int_0^{\infty}\frac{\sin x}{x}\cdot\frac{\sin\left(\frac{x}{3}\right)}{\frac{x}{3}}\cdot\cdots\cdot\frac{\sin\left(\frac{x}{15}\right)}{\frac{x}{15}}\mathrm{d}x=\frac{\pi}{2}-2.310\ 06\times 10^{-11}$$

而

$$\int_0^{\infty}\frac{\sin x}{x}\cdot\frac{\sin\left(\frac{x}{3}\right)}{\frac{x}{3}}\cdot\cdots\cdot\frac{\sin\left(\frac{x}{17}\right)}{\frac{x}{17}}\mathrm{d}x=\frac{\pi}{2}-1.872\ 45\times 10^{-8}$$

由于中国是一个有着一千多年科举传统的国家，所以通过考试进行人才选拔是一种重要的方式之一. 从而数学普及最佳的途径就是由一道试题入手.

1978 年中国教育重新步入正轨，数学竞赛重启. 华罗庚先生就以此为背景，命制了一道关于分圆多项式不可分解的问题：

（全国试题第二试第 2(1) 题）分解多项式

$$F(x)=x^{12}+x^9+x^6+x^3+1$$

在复数范围内可分解为

$$F(x)=\prod_{\substack{k=1\\k\neq 5,10}}^{14}\left(x-\mathrm{e}^{\frac{2\pi\mathrm{i}}{15}k}\right)$$

在实数范围内可分解为

$$F(x)=\prod_{\substack{k=1\\k\neq 5}}^{7}\left(x^2-2\cos\frac{2k\pi}{15}x+1\right)$$

在整数范围内可分解为

$$F(x)=\frac{x^{15}-1}{x^3-1}$$
$$=\frac{(x^5-1)(x^{10}+x^5+1)}{x^3-1}$$
$$=(x^4+x^3+x^2+x+1)(x^8-x^7+x^5-x^4+x^3-x+1)$$

在整数范围内分解 $F(x)$，这是出题人的原意. 在整数范围内，上面两个因子能不能继续分解呢？这两个多项式都是所谓“分圆多项式”，在高等数学中可以一般地证明，分圆多项式在整数范围内不可分解. 我们现在用初等的方法来证明

$$f_1(x)=x^4+x^3+x^2+x+1$$

和

$$f_2(x)=x^8-x^7+x^5-x^4+x^3-x+1$$

在整数范围内不可分解.

$f_1(x)$ 和 $f_2(x)$ 都是 $x^{15}-1$ 的因子，$x^{15}-1$ 除了 1 之外没有其他实根，而 1 不是 $f_1(x)$ 和 $f_2(x)$ 的根，所以 $f_1(x)$ 和 $f_2(x)$ 没有实数根. 于是它们不可能有奇数次因子. 如果 $f_1(x)$ 和 $f_2(x)$ 有二次因子，那么一定形如 $x^2-2\cos\frac{2k\pi}{15}x+1(1\leqslant k\leqslant 7,k\neq 5)$，而这时 $\cos\frac{2k\pi}{15}\neq 0,\pm\frac{1}{2},\pm 1$，所以 $2\cos\frac{2k\pi}{15}$ 不是整数，因此 $f_1(x)$ 和 $f_2(x)$ 不可能有二次因子，这样我们就证明了 $f_1(x)$ 不可分解. 而 $f_2(x)$ 如果能分解，那么只能是

$$f_2(x)=(x^4+ax^3+bx^2+ax+1)(x^4+cx^3+dx^2+cx+1)$$

（两个二次式 $x^2-2\cos\frac{2k\pi}{15}x+1$ 相乘得到的四次因子一定是上述形式）比较等式两边的系数，可得

$$a+c=-1 \tag{1}$$
$$d+ac+b=0 \tag{2}$$
$$c+ad+bc+a=1 \tag{3}$$
$$2+2ac+bd=-1 \tag{4}$$

式(2)×2−(4)，得

$$(d-2)(b-2)=1$$

因而

$$b=d=2\pm 1$$

由式(3)得出

$$b=-2$$

矛盾，所以 $f_2(x)$ 不可分解.

我们顺便指出这类分圆多项式的试题在世界各国的试题中均可见到. 如1992年越南的数学奥林匹克试题：

考虑多项式

$$P(x)=1+x^2+x^9+x^{n_1}+\cdots+x^{n_s}+x^{1\,992}$$

其中 $n_1,\cdots,n_s$ 是正整数，且满足 $9<n_1<\cdots<n_s<1\,992$. 证明：$P(x)$ 有一个根不超过 $\frac{1-\sqrt{5}}{2}$.

证明　对 $x\geqslant 0$，我们发现 $P(x)\geqslant 1>0$. 因此要证明结论，只需对 $x\in\left(\frac{1-\sqrt{5}}{2},0\right)$ 证明 $P(x)>0$ 即可.

显然，对 $x<0$，$x\neq 1$ 我们有

$$\begin{aligned}P(x)&\geqslant 1+x+x^3+x^5+\cdots+x^{1\,991}\\&=1+x\,\frac{1-x^{996}}{1-x^2}\\&=\frac{1-x^2+x-x^{997}}{1-x^2}\end{aligned}$$

注意到如果 $x\in\left(\frac{1-\sqrt{5}}{2},0\right)$，那么 $1-x^2>0$，$-x^{997}>0$，$1-x^2+x>0$，所以 $P(x)>0$，待证结论成立.

有限域上的多项式

第2章

2.1 x^n-1 的因式分解[①]

设 F_q 是 q 个元素的有限域，q 是一个素数 p 的幂. 再设 n 是一个与 p 互素的正整数. 我们来研究怎样把多项式

$$f(x)=x^n-1$$

分解成 $F_q[x]$ 中不可约多项式乘积这个问题.

首先，我们注意，因为 $(n,p)=1$，所以

$$f'(x)=nx^{n-1}\neq 0$$

因此

$$\gcd(f(x),f'(x))=1$$

由此推出 $f(x)$ 没有重因式. 这就是：

定理 2.1 首先设 F_q 是 q 个元素的有限域，n 是一个与 q 互素的正整数，那么 x^n-1 没有重因式.

其次，因为 $(n,p)=1$，所以 $q\in\mathbf{Z}_n^*$. 假定 q 在 $\mathbf{Z}_n^*$ 中的阶是 m，那么

$$q^m\equiv 1(\bmod n)$$

于是

$$n\mid(q^m-1)$$

设 ξ 是 $F_{q^m}^*$ 中的本原元. 则

$$\alpha=\xi^{(q^m-1)/n}$$

① 摘自《代数导引》，万哲先著，科学出版社，2004.

是 $F_{q^m}^*$ 的一个 n 阶元素，我们把 α 叫作一个 n 次本原单位根. 这时

$$\alpha^0=1,\alpha,\alpha^2,\cdots,\alpha^{n-1}$$

这 n 个元素两两不同，而且它们是多项式 x^n-1 的全部 n 个根.

设 $f_1(x)$ 是 x^n-1 的一个首一因式，那么它的根必定是 α 的某些个幂. 假定 α^i 是 $f_1(x)$ 的一个根，即 $f_1(\alpha^i)=0$，那么

$$[f_1(\alpha^i)]^q=f_1(\alpha^{i_q})=0$$

即 α^{i_q} 也是 $f_1(x)$ 的根. 设 l 是使 $\alpha^{i}q^{l}=\alpha^i$ 成立的最小非负整数，那么易证

$$\alpha^i,\alpha^{iq},\alpha^{iq^2},\cdots,\alpha^{iq^{l-1}} \tag{1}$$

两两不同，而且它们都是 $f_1(x)$ 的根，令

$$h_1(x)=(x-\alpha^i)(x-\alpha^{iq})(x-\alpha^{iq^2})\cdots(x-\alpha^{iq^{l-1}})$$

则我们可证 $h_1(x)\in F_q[x]$. 但显然 $h_1(x)\mid f_1(x)$，而 $f_1(x)$ 不可约，所以

$$h_1(x)=f_1(x)$$

这就证明了式(1) 中 l 个 α 的幂就是 $f_1(x)$ 的全部根.

反过来，设 i 是一个非负整数，$0\leqslant i\leqslant n-1$. 如果 l 是使 $\alpha^{iq^l}=\alpha^i$ 成立的最小非负整数，那么式(1) 中 l 个 α 的幂两两不同. 令

$$h_1(x)=(x-\alpha^i)(x-\alpha^{iq})(x-\alpha^{iq^2})\cdots(x-\alpha^{iq^{l-1}})$$

那么和刚才的道理一样，$h_1(x)\in F_q[x]$. 设 $f_1(x)$ 是 $h_1(x)$ 的一个首一不可约多项式. 假定 α^{iq^j} $(0\leqslant j\leqslant l-1)$ 是 $f_1(x)$ 的一个根，那么和刚才一样可以证明 $\alpha^{iq^{j+1}},\cdots,\alpha^{iq^{l-1}},\alpha^{iq^l}=\alpha^i,\alpha^{iq},\cdots,\alpha^{iq^{j-1}}$ 都是 $f_1(x)$ 的根，因此

$$f_1(x)=h_1(x)$$

这就证明了 $h_1(x)$ 是 x^n-1 在 $F_q[x]$ 中的一个不可约因式.

现在我们给出下面的定义：

定义 2.1　设 $a_0,a_1,a_2,\cdots,a_{l-1}$ 是从 0 到 $n-1$ 中选出来的 l 个两两不同的数. 假定它们具有性质

$$a_iq=a_{i+1}(\mathrm{mod}\ n),i=0,1,2,\cdots,l-2$$

$$a_{l-1}q=a_0(\mathrm{mod}\ n)$$

我们就说它们组成模 n 的一个 q 轮换. 记作

$$(a_0,a_1,a_2,\cdots,a_{l-1})$$

并把 l 叫作这个 q 轮换的长.

有了这个定义，我们就可把刚才得到的结论叙述成下述定理：

定理 2.2　设 F_q 是 q 个元素的有限域，n 是与 q 互素的一个正整数. 假定 α 是一个 n 次本原单位根(如果 q 在 $\mathbf{Z}_n^*$ 中的阶是 m，那么 F_{q^m} 中就一定有 n 次本原单位根). 设

$$f(x)=x^n-1$$

并设 $f_1(x)$ 是 $f(x)$ 的一个首一的不可约因式，那么 $f_1(x)$ 的根都是 α 的一些幂，而且这些幂次组成模 n 的一个 q 轮换. 反过来，如果 $(a_0, a_1, a_2, \cdots, a_{l-1})$ 是模 n 的一个 q 轮换，那么

$$f_1(x)=(x-\alpha^{a_0})(x-\alpha^{a_1})(x-\alpha^{a_2})\cdots(x-\alpha^{a_{l-1}})$$

就是 x^n-1 的一个不可约因式.

推论 2.1 设 F_q 是 q 个元素的有限域，n 是与 q 互素的一个正整数，那么 x^n-1 在 $F_q[x]$ 中分解成不可约因式的个数就等于 $0,1,2,\cdots,n-1$ 这 n 个数所分成的模 n 的 q 轮换的个数.

根据因式分解的方法，要将 x^n-1 分解成不可约因式的乘积，首先要求出 V 的一组基，而

$$V=\{g(x)\mid \partial^0 g(x)<n, g(x)^q\equiv g(x)(\bmod x^n-1)\}$$

现在我们介绍一个简单方法，当然这个方法只对 x^n-1 适用. 设 $(a_0, a_1, a_2, \cdots, a_{l-1})$ 是模 n 的一个 q 轮换，令

$$\theta(x)=x^{a_0}+x^{a_1}+x^{a_2}+\cdots+x^{a_{l-1}}$$

显然

$$\theta(x)^q=\theta(x)(\bmod x^n-1)$$

假定 $0,1,2,\cdots,n-1$ 这 n 个数分成了 r 个模 n 的 q 轮换. 对于每个 q 轮换，我们都得到 V 的一个元素. 这样一共得到 V 的 r 个元素

$$\theta_1(x),\theta_2(x),\cdots,\theta_r(x)$$

显然 x 的每个幂 $x^i(0\leqslant i\leqslant n-1)$ 在一个而且仅在一个 $\theta_j(x)(1\leqslant j\leqslant r)$ 中出现. 因此 $\theta_1(x),\theta_2(x),\cdots,\theta_r(x)$ 在 F_q 上线性无关. 则 V 在 F_q 上的维数等于 x^n-1 的不可约因式的个数. 根据推论 2.1，后者又等于 $0,1,2,\cdots,n-1$ 这 n 个数所分成的模 n 的 q 轮换的个数. 这就证明了 $\theta_1(x),\theta_2(x),\cdots,\theta_r(x)$ 是 V 的一组基. V 的一组基既已得到，利用辗转相除法只需就可将 x^n-1 分解成不可约多项式的乘积.

我们再指出，当 $q=2$ 时，V 实际上就是 $F_2[x]_{x^n-1}$ 中幂等元的全体所组成的向量空间，则可知要将 x^n-1 分解成不可约多项式的乘积，只要将 1 分解成 $F_2[x]_{x^n-1}$ 中两两正交的本原幂等元的和就行了. 我们介绍一个如何从 V 的一组基 $\theta_1,\theta_2,\cdots,\theta_r$ 出发，将 1 分解成 $F_2[x]_{x^n-1}$ 中 r 个两两正交的幂等元 $e_1, e_2,\cdots,e_r$ 的和的一个算法. 我们先证明下述引理：

引理 2.1 设 n 是一个奇数，V 是 $F_2[x]_{x^n-1}$ 中幂等元的全体所组成的 F_2 上的向量空间，而 $\theta_1,\theta_2,\cdots,\theta_r$ 是 V 的一组基. 假定 $F_2[x]_{x^n-1}$ 中的单位元 1 分解成 t 个两两正交的幂等元 $\varepsilon_1,\varepsilon_2,\cdots,\varepsilon_t$ 的直和

$$1=\varepsilon_1\oplus\varepsilon_2\oplus\cdots\oplus\varepsilon_t \tag{2}$$

如果 $t<r$，那么总有一个 $\theta_i(1\leqslant i\leqslant r)$ 和一个 $\varepsilon_j(1\leqslant j\leqslant t)$ 使得

$$\theta_i \odot \varepsilon_j \neq 0, (1 \oplus \theta_i) \odot \varepsilon_j \neq 0$$

同时成立.

证明　设有 $\theta_i(1 \leqslant i \leqslant r)$,使得

$$\theta_i \odot \varepsilon_j = 0 \text{ 或 } (1 \oplus \theta_i) \odot \varepsilon_j = 0, j = 1,2,\cdots,t$$

即

$$\theta_i \odot \varepsilon_j = 0 \text{ 或 } \theta_i \odot \varepsilon_j = \varepsilon_j, j = 1,2,\cdots,t$$

将式(2) 两边同乘以 θ_i,得出 θ_i 是某几个 $\varepsilon_j(j = 1,2,\cdots,t)$ 的和. 如果对每个 $\theta_i(1 \leqslant i \leqslant r)$,都有

$$\theta_i \odot \varepsilon_j = 0 \text{ 或 } (1 \oplus \theta_i) \odot \varepsilon_j = 0, j = 1,2,\cdots,t$$

那么 $\theta_1,\theta_2,\cdots,\theta_r$ 都是某几个 $\varepsilon_1,\varepsilon_2,\cdots,\varepsilon_t$ 的直和,即 $\varepsilon_1,\varepsilon_2,\cdots,\varepsilon_t$ 的系数属于 F_2 的线性组合. 因为 $r > t$,所以 $\theta_1,\theta_2,\cdots,\theta_r$ 就在 F_2 上线性相关,这与 $\theta_1,\theta_2,\cdots,\theta_r$ 是 V 的一组基相矛盾. 因此一定有一个 θ_i 和 ε_j,使得

$$\theta_i \odot \varepsilon_j \neq 0, (1 \oplus \theta_i) \odot \varepsilon_j \neq 0$$

同时成立.

我们可以把从 V 的一组基 $\theta_1,\theta_2,\cdots,\theta_r$ 出发,得出将 1 分解成 r 个两两正交的非零幂等元 $e_1,e_2,\cdots,e_r$ 的直和的算法叙述如下:

首先,将 1 分解成两个互相正交的幂等元的 θ_1 和 $1+\theta_1$ 的直和

$$1 = \theta_1 \oplus (1 \oplus \theta_1)$$

其次,如果 $r=2$,那么我们的目的已经达到. 否则,将 θ_1 改记成 ε_1,将 $1+\theta_1$ 改记成 ε_2,则

$$1 = \varepsilon_1 \oplus \varepsilon_2$$

根据引理 2.1,有一个 θ_i 和 ε_j,设为 ε_1,使得

$$\theta_i \odot \varepsilon_1 \neq 0, (1 \oplus \theta_i) \odot \varepsilon_1 \neq 0$$

那么

$$1 = \theta_i \odot \varepsilon_1 \oplus (1 \oplus \theta_i) \odot \varepsilon_1 \oplus \varepsilon_2$$

而 $\theta_i \odot \varepsilon_1$, $(1 \oplus \theta_i) \odot \varepsilon_1$ 和 ε_2 是三个两两正交的非零幂等元.

如果 $r=3$,那么我们的目的已经达到. 否则继续用上面的方法进行下去,直到把 1 分解成 r 个两两正交的非零幂等元的和.

一旦将 $F_2[x]_{x^n-1}$ 中的单位元 1 分解成 r 个两两正交的非零幂等元 e_1, $e_2,\cdots,e_r$ 的直和,这里 r 是 V 在 F_2 上的维数,$e_1,e_2,\cdots,e_r$ 一定是本原幂等元. 令

$$f_i(x) = \gcd(x^n - 1, 1 - e_i), i = 1,2,\cdots,r$$

那么

$$x^n - 1 = f_1(x) f_2(x) \cdots f_r(x)$$

而且 $f_1(x), f_2(x), \cdots, f_r(x)$ 是两两不同的不可约多项式.

当然上述算法是可以编出程序在电子计算机上计算的,但当 n 不太大时,

用手算并无很大困难.

例 1 将 F_2 上的多项式

$$x^{15}-1$$

分解成不可约多项式的乘积.

解 先将 0,1,2,…,14 这 15 个数分成模 15 的 2 轮换:(1,2,4,8),(3,6,12,9),(5,10),(7,14,13,11),(0). 于是得到 $F_2[x]_{x^{15}-1}$ 中五个幂等元

$$\theta_1=x+x^2+x^4+x^8$$

$$\theta_2=x^3+x^6+x^9+x^{12}$$

$$\theta_3=x^5+x^{10}$$

$$\theta_4=x^7+x^{11}+x^{13}+x^{14}$$

$$\theta_5=1$$

它们组成 $F_2[x]_{x^{15}-1}$ 中所有幂等元所组成的向量空间 V 的一组基.

现在利用它们将 1 表示成五个两两正交的非零幂等元的和.

首先,我们有

$$1=\theta_1\oplus(1\oplus\theta_1)$$

注意

$$\theta_2\odot(1\oplus\theta_1)=\theta_1\oplus\theta_2\neq 0$$

$$(1\oplus\theta_2)\odot(1\oplus\theta_1)=1\oplus\theta_2\neq 0$$

因此有

$$1=\theta_1\oplus(\theta_1\oplus\theta_2)\oplus(1+\theta_2)$$

而且 $\theta_1,\theta_1\oplus\theta_2$ 和 $1\oplus\theta_2$ 是三个两两正交的幂等元.

又有

$$\theta_3\odot\theta_1=\theta_2\oplus\theta_4\neq 0$$

$$(1\oplus\theta_3)\odot\theta_1=\theta_1\oplus\theta_2\oplus\theta_4\neq 0$$

$$\theta_3\odot(1\oplus\theta_2)=\theta_1\oplus\theta_3\oplus\theta_4\neq 0$$

$$(1\oplus\theta_3)\odot(1\oplus\theta_2)=\theta_1\oplus\theta_2\oplus\theta_3\oplus\theta_4\oplus\theta_5\neq 0$$

因此

$$1=(\theta_2\oplus\theta_4)\oplus(\theta_1\oplus\theta_2\oplus\theta_4)\oplus(\theta_1\oplus\theta_2)\oplus$$
$$(\theta_1\oplus\theta_3\oplus\theta_4)\oplus(\theta_1\oplus\theta_2\oplus\theta_3\oplus\theta_4\oplus\theta_5)$$

就是将 1 分解成五个两两正交的非零幂等元的直和的分解. 令

$$e_1=\theta_2\oplus\theta_4$$

$$e_2=\theta_1\oplus\theta_2\oplus\theta_4$$

$$e_3=\theta_1\oplus\theta_2$$

$$e_4=\theta_1\oplus\theta_3\oplus\theta_4$$

$$e_5=\theta_1\oplus\theta_2\oplus\theta_3\oplus\theta_4\oplus\theta_5$$

那么 e_1, e_2, e_3, e_4, e_5 都是本原幂等元. 我们有

$$\begin{cases} e_1 = x^3 + x^6 + x^7 + x^9 + x^{11} + x^{12} + x^{13} + x^{14} \\ e_2 = x + x^2 + x^3 + x^4 + x^6 + x^7 + x^8 + x^9 + x^{11} + x^{12} + x^{13} + x^{14} \\ e_3 = x + x^2 + x^3 + x^4 + x^6 + x^8 + x^9 + x^{12} \\ e_4 = x + x^2 + x^4 + x^5 + x^7 + x^8 + x^{10} + x^{11} + x^{13} + x^{14} \\ e_5 = 1 + x + x^2 + x^3 + x^4 + x^5 + x^6 + x^7 + x^8 + x^9 + x^{10} + x^{11} + x^{12} + x^{13} + x^{14} \end{cases}$$

用辗转相除法只需可以算出

$$\begin{cases} f_1(x) = \gcd(x^{15} - 1, 1 - e_1) = x^4 + x^3 + 1 \\ f_2(x) = \gcd(x^{15} - 1, 1 - e_2) = x^4 + x^3 + x^2 + x + 1 \\ f_3(x) = \gcd(x^{15} - 1, 1 - e_3) = x^4 + x + 1 \\ f_4(x) = \gcd(x^{15} - 1, 1 - e_4) = x^2 + x + 1 \\ f_5(x) = \gcd(x^{15} - 1, 1 - e_5) = x + 1 \end{cases}$$

于是

$$x^{15} - 1 = (x^4 + x^3 + 1)(x^4 + x^3 + x^2 + x + 1) \cdot (x^4 + x + 1)(x^2 + x + 1)(x + 1)$$

2.2　确定不可约多项式和本原多项式的问题

我们知道，要具体构造 p^n 个元素的有限域 F_{p^n}（这里 p 是一个素数，而 n 是个正整数），需要求出 F_p 上一个 n 次不可约多项式. 为了得到 F_{p^n} 的一个本原元素，也需要求出 F_p 上一个 n 次本原多项式. 因此求 F_p 上 n 次不可约多项式和本原多项式是有意义的.

因为 F_q 上的 n 次本原多项式是周期等于 $q^n - 1$ 的 n 次不可约多项式，所以要确定 n 次本原多项式可以先确定 n 次不可约多项式，然后再计算一下它的周期是否等于 $q^n - 1$. 关于后一个问题，即计算不可约多项式周期，可以利用 2.1 节介绍的方法来计算，但困难之处是当 n 和 q 较大时，$q^n - 1$ 的素因数分解问题.

怎样确定 F_q 上的不可约多项式呢？我们知道不可约多项式在多项式中的地位相当于素数在整数中的地位. 我们可以用求素数的筛法来求不可约多项式. 譬如将次数不小于 1 且不大于 n 的多项式按次数排列成表，次数小的排在前面，次数大的排在后面，次数相等的多项式按某种规则排列前后. 那么排在最前面的多项式是不可约的，把它圈出来，再把它的倍式从表中划去. 剩下的没有圈和没有划的多项式中排在最前面的多项式又是不可约的，把它圈出来，再把它的倍式从表中划去，等等. 但这种做法，只要 n 适当大，工作量就太大. 因此我们通常并不采用这种办法.

为了确定有限域上的不可约多项式,人们探讨了判定一个多项式是否可约的一些方法.我们利用这些方法去判定一个多项式是否可约,这样就可以从次数不大于 n 的不可约多项式的表中删去那些可约的多项式,于是就得到了所有次数不大于 n 的不可约多项式.有时如果能够比较容易地找到 $F_q[x]_{f(x)}$ 中一个不等于1的非零幂等元,那么我们可以容易地判定 $f(x)$ 是否可约.

常用的判定 F_2 上的一个 $n(\geqslant 1)$ 次多项式是可约多项式的方法有:

(1) 如果 $f(x)$ 的常数项等于零,除非 $f(x)=x$,否则 $f(x)$ 一定可约.

(2) 如果 $f(x)$ 中系数等于1的项的个数是偶数,那么 $f(x)$ 一定可约.

(3) 如果 $f(x)$ 中系数等于1的项的 x 的幂次都是2的倍数,那么 $f(x)$ 一定可约.

(4) 如果 $\gcd(f(x),f'(x))\neq 1$,那么 $f(x)$ 一定可约.

(5) 如果 $f(x+1)$ 可约,那么 $f(x)$ 也可约.

(6) 如果 $x^n f\left(\frac{1}{x}\right)$ 可约,那么 $f(x)$ 可约,等等.

对于 F_2 上的三项式 $f_{n,k}(x)=x^n+x^k+1$(n,k 不同时是偶数),还有:

(7) 设 $n\geqslant 4$,当 $n\equiv 1(\mathrm{mod}\ 3)$ 而 $k\equiv 2(\mathrm{mod}\ 3)$ 或当 $n\equiv 2(\mathrm{mod}\ 3)$ 而 $k\equiv 1(\mathrm{mod}\ 3)$ 时,$f_{n,k}(x)$ 被 x^2+x+1 除尽,因此这时 $f_{n,k}(x)$ 可约.

(8)[①] $f_{n,k}(x)$ 有偶数个不可约因式当且仅当以下三种情况之一成立:

(i) n 是偶数,k 是奇数,$n\neq 2k$,而 $\frac{nk}{2}\equiv 0$ 或 $1(\mathrm{mod}\ 4)$.

(ii) n 是奇数,k 是偶数,$k\nmid 2n$,而 $n\equiv\pm 3(\mathrm{mod}\ 8)$.

(iii) n 是奇数,k 是偶数,$k\mid 2n$,而 $n\equiv\pm 1(\mathrm{mod}\ 8)$.

因此上述三种情况之一成立时,$f_{n,k}(x)$ 一定可约.

Zierler, N. 和 Brillhart, J. [②]利用上述这些判定 F_2 上多项式和三项式可约的条件,用计算机定出了 F_2 上所有次数不大于1 000的不可约三项式,并对已知 2^n-1 的素因数分解的那些 $n(\leqslant 1\,000)$ 次不可约三项式算出了它们的周期,因而定出了一些本原三项式.这些结果表明,并不是有任意次数的不可约三项式(和本原三项式).但是任给一个正整数 N,是否有次数不小于 N 的本原三项式则不清楚.

最后,假定已知 F_q 上的一个 n 次本原多项式.那么 $F_q[x]_{f(x)}$ 是 q^n 个元素的有限域.记 ξ 为 $F_q[x]_{f(x)}$ 中的 x.那么 $\xi^k(1\leqslant k<q^n-1,\gcd(k,q^n-1)=1)$ 是 $\phi(q^n-1)$ 个本原元.我们把满足 $1\leqslant k<q^{n-1}$ 和 $\gcd(k,q^n-1)=1$ 的 k 分解

① 见 Swan, R. G., Factorization of polynomials over finite fields. Pacific J. Math., 12(1962), 1099-1106.

② On primitive trinomials, Ⅰ and Ⅱ, Information and control, 13(1968), 541-554 and 14(1969), 556-559.

成$\phi(q^n-1)/n$个模 q^n-1 的 q 轮换. 那么对应于每个模 q^n-1 的 q 轮换$(a_0, a_1, \cdots, a_{n-1})$, 有 F_q 上的一个 n 次本原多项式, 即

$$(x-\xi^{a_0})(x-\xi^{a_1})\cdots(x-\xi^{a_{n-1}})$$

用这种方法可以得到 F_q 上的所有 n 次本原多项式.

第3章 $x^n \pm 1$ 在 Q 上的因式分解①

3.1 $x^n - 1$ 在 Q 上的因式分解

我们已知 $x^n - 1 = \prod_{d|n} \Phi_d(x)$，右边表示当 d 遍取 n 的所有正因数时，取所有 $\Phi_d(x)$ 的乘积. $\Phi_d(x)$ 是 **Q**(**Q** 表示有理数域，下同) 上不可约整系数多项式. 并且分圆多项式 $\Phi_h(x)$ 由下列公式给出

$$\Phi_h(x) = \prod_{d|h} (x^d - 1)^{\mu(h/d)}$$

其中 $\mu(r)$ 是 Mobius② 函数.

有时我们需要在 **Q** 上把 $x^n - 1$ 分解成不可约多项式的乘积. 如果用上述公式求每个 $\Phi_h(x)$，当 n 稍大时就很烦琐了(例如当 h 是 4 个不同素因数之积时，用公式计算 $\Phi_h(x)$ 就要出现 16 个因式相乘除. 计算一个因式就这样烦琐，要求出所有的因式就可想而知了)，所以上面的结果主要是理论性的. 实际分解时，要按一定规律来计算，就比较合理且简便. 为此特给出：

命题 3.1 设 $n > 1$ 是整数，$n = \prod_{i=1}^{r} P_i^{\alpha_i}$ (其中 P_i 是不同的素数，α_i 是正整数，$i = 1, 2, \cdots, r$)，则 $x^n - 1$ 在 **Q** 上的全部不可约因式是：

---

① 摘自卫东舟教授所写的《$x^n \pm 1$ 在 **Q** 上的因式分解》一文.

② 麦比乌斯(Möbius，1790—1868)，德国数学家.

$\Phi_1(x)=x-1$.

$\Phi_{P_i}(x^{P_i^{t_i}})$ 型，$i=1,2,\cdots,r$. 对于固定的 i，令 t_i 依次取值 $0,1,2,\cdots,\alpha_i-1$.（这类因式共计 $\sum_{i=1}^{r}\alpha_i$ 个.）

$\Phi_{P_iP_j}(x^{P_i^{t_i}P_j^{t_j}})$ 型，$1\leqslant i<j\leqslant r$. 对于固定的 i,j，令 t_i,t_j 取所在范围内的所有值：$0\leqslant t_i\leqslant\alpha_i-1$，$0\leqslant t_j\leqslant\alpha_j-1$.（这类因式共计 $\sum_{i<j}\alpha_i\alpha_j$ 个.）

$\Phi_{P_iP_jP_s}(x^{P_i^{t_i}P_j^{t_j}P_s^{t_s}})$ 型，$1\leqslant i<j<s\leqslant r$. 对于固定的 i,j,s，令 t_i,t_j,t_s 取所在范围内的所有值：$0\leqslant t_i\leqslant\alpha_i-1$，$0\leqslant t_j\leqslant\alpha_j-1$，$0\leqslant t_s\leqslant\alpha_s-1$.（这类因式共计 $\sum_{i<j<s}\alpha_i\alpha_j\alpha_s$ 个.）

$$\vdots$$

最后是 $\Phi_{P_1P_2\cdots P_r}(x^{P_1^{t_1}P_2^{t_2}\cdots P_r^{t_r}})$ 型，令 t_i 取所在范围内的所有值：$0\leqslant t_i\leqslant\alpha_i-1$，$i=1,2,\cdots,r$.（这类因式共计 $\alpha_1\alpha_2\cdots\alpha_r$ 个.）

证明　根据公式 $x^n-1=\prod_{d|n}\Phi_d(x)$，并且注意到

$$\Phi_{P_i^{t_i+1}}(x)=\Phi_{P_i}(x^{P_i^{t_i}})\quad(t_i=0,1,\cdots,a_i-1)$$

$$\Phi_{P_i^{t_i+1}P_j^{t_j+1}}(x)=\Phi_{P_iP_j}(x^{P_i^{t_i}P_j^{t_j}})\quad(0\leqslant t_i\leqslant\alpha_i-1,0\leqslant t_j\leqslant\alpha_j-1)$$

一般 $\Phi_{hk}(x)=\Phi_h(x^k)$，其中 k 的素因子都是 h 的素因子. 显然命题 3.1 的结论是正确的.

命题 3.1 只是给出了全部因式. 如何来求出这些因式，特说明于下：

易知 $\Phi_{P_i}(x)=x^{P_i-1}+x^{P_i-2}+\cdots+x+1$，用代入法立即可求出 $\Phi_{P_i}(x^{P_i^{t_i}})$，故第一类因式可很快求出. 要求第二类因式，关键是求 $\Phi_{P_iP_j}(x)$. 注意到 $\Phi_{P_i}(x^{P_j})=\Phi_{P_i}(x)\Phi_{P_jP_i}(x)(x\neq j)$，$\Phi_{P_i(x)}$ 已求出，故 $\Phi_{P_i}(x^{P_j})$ 可立即写出. 而 $\Phi_{P_i}(x^{P_j})$ 除以 $\Phi_{P_i}(x)$ 的商式就是 $\Phi_{P_iP_j}(x)$，因此 $\Phi_{P_iP_j}(x)$ 可作长除法而得出，再用代入法可求出 $\Phi_{P_iP_j}(x^{P_i^{t_i}P_j^{t_j}})$，即第二类因式可求出. 要求第三类因式，关键是求 $\Phi_{P_iP_jP_s}(x)$. 注意到 $\Phi_{P_iP_j}(x^{P_s})=\Phi_{P_iP_j}(x)\Phi_{P_iP_jP_s}(x)$，$\Phi_{P_iP_j}(x)$ 已求出，故可写出 $\Phi_{P_iP_j}(x^{P_s})$，而 $\Phi_{P_iP_j}(x^{P_s})$ 除以 $\Phi_{P_iP_j}(x)$ 的商式就是 $\Phi_{P_iP_jP_s}(x)$. 再用代入法可将第三类因式全部写出. 仿此进行，可求出 x^n-1 在 **Q** 上的全部不可约因式.

例 1　求 $x^{675}-1$ 在 **Q** 上的全部不可约因式.

解　$675=3^3\times5^2$，$P_1=3$，$P_2=5$，$\alpha_1=3$，$\alpha_2=2$，共有 12 个不可约因式：$\Phi_1(x)=x-1$；$\Phi_3(x)=x^2+x+1$，$\Phi_3(x^3)=x^6+x^3+1$，$\Phi_3(x^{3^2})=x^{18}+x^9+1$，$\Phi_5(x)=x^4+x^3+x^2+x+1$，$\Phi_5(x^5)=x^{20}+x^{15}+x^{10}+x^5+1$；作除法易知 $\Phi_{P_1P_2}(x)=\Phi_{15}(x)=x^8-x^7+x^5-x^4+x^3-x+1$. 在这个因式中，依

次将 x 换成 $x^{P_2}=x^5, x^{P_1}=x^3, x^{P_1P_2}=x^{15}, x^{P_1^2}=x^9, x^{P_1^2P_2}=x^{45}$，即得其他5个因式.

推论3.1 如果 $n=P^k$（P 是素数，k 是正整数），那么 x^n-1 在 $\mathbf{Q}$ 上的 $k+1$ 个不可约因式是

$$x-1$$

和

$$\Phi_P(x^{P^i})=x^{P^i(P-1)}+x^{P^i(P-2)}+\cdots+x^{P^i}+1, i=0,1,2,\cdots,k-1$$

推论3.2 如果 $n=2^mP^t$（P 是奇素数，m 和 t 是正整数），那么 x^n-1 在 $\mathbf{Q}$ 上的全部不可约因式是

$$x-1$$

$$\Phi_2(x^{2^i})=x^{2^i}+1, i=0,1,\cdots,m-1$$

$$\Phi_P(x^{P^i})=x^{P^i(P-1)}+x^{P^i(P-2)}+\cdots+x^{P^i}+1, i=0,1,\cdots,t-1$$

$$\Phi_{2P}(x^{2^iP^j})=x^{2^iP^j(P-1)}-x^{2^iP^j(P-2)}+\cdots-x^{2^iP^j}+1, 0\leqslant i\leqslant m-1, 0\leqslant j\leqslant t-1$$

（共计 $(m+1)(t+1)$ 个因式）.

3.2 x^n+1 在 $\mathbf{Q}$ 上的因式分解

首先求出 x^n+1 在 $\mathbf{Q}$ 上的因式分解公式，这就是：

命题3.2 设 n 是任意的正整数，$n=2^mh$（$m\geqslant 0$ 是整数，h 是正奇数），则

$$\begin{aligned} x^n+1 &= x^{2^m h}+1 \\ &= \prod_{d\mid h}\Phi_{2^{m+1}d}(x) \\ &= \prod_{d\mid h}\Phi_{2d}(x^{2^m}) \end{aligned}$$

表示 d 遍取 h 的所有正因数而取所有 $\Phi_{2^{m+1}d}(x)$ 的乘积. $\Phi_{2^{m+1}d}(x)$ 是 $\mathbf{Q}$ 上不可约整系数多项式.

证明 这个公式可用不同的方法得出. 这里给出一个最简单的证明.

因为 $x^n-1=\prod_{d\mid n}\Phi_d(x)$，而 $(x^n+1)(x^n-1)=x^{2n}-1=\prod_{d\mid 2n}\Phi_d(x)$，所以

$$x^n+1=\left(\prod_{d\mid 2n}\Phi_d(x)\right)\div\left(\prod_{d\mid n}\Phi_d(x)\right)=\prod_{d\mid h}\Phi_{2^{m+1}d}(x)$$

（因为 $d\mid n, d\mid 2n$，且分子分母皆无重因式，所以分母中的因子全部消去了. 而分子的因子中剩下的是 $d\mid 2^{m+1}h$，但 $d\nmid 2^mh$ 的因子为 $\Phi_d(x)$. 故知 d 必形如 $2^{m+1}d', d'\mid h$）.

命题3.3 设 $n>1$ 是整数，$n=2^mP_1^{\alpha_1}P_2^{\alpha_2}\cdots P_r^{\alpha_r}$（其中 $m\geqslant 0$ 是整数，P_i 是不同的奇素数，α_i 是正整数，$i=1,2,\cdots,r$），则 x^n+1 在 $\mathbf{Q}$ 上的全部不可约因式

是：

$\Phi_2(x^{2^m}) = x^{2m} + 1$.

$\Phi_{P_i}(-x^{2^m P_i^{t_i}})$ 型，$i = 1, 2, \cdots, r$. 对于固定的 i，令 t_i 依次取值 $0, 1, 2, \cdots, \alpha_i - 1$.

$\Phi_{P_i P_j}(-x^{2^m P_i^{t_i} P_j^{t_j}})$ 型，$1 \leqslant i < j \leqslant r$. 对于固定的 i, j，令 t_i, t_j 取所在范围内的所有值：$0 \leqslant t_i \leqslant \alpha_i - 1, 0 \leqslant t_j \leqslant \alpha_j - 1$.

$\Phi_{P_i P_j P_s}(-x^{2mP_i^{t_i} P_j^{t_j} P_s^{t_s}})$ 型，$1 \leqslant i < j < s \leqslant r$. 对于固定的 i, j, s，令 t_i, t_j, t_s 取所在范围内的所有值：$0 \leqslant t_i \leqslant \alpha_i - 1, 0 \leqslant t_j \leqslant \alpha_j - 1, 0 \leqslant t_s \leqslant \alpha_{s-1}$.

$$\vdots$$

最后是 $\Phi_{P_1 P_2 \cdots P_r}(-x^{2^m P_1^{t_1} P_2^{t_2} \cdots P_r^{t_r}})$ 型，令 t_i 取所在范围内的所有值：$0 \leqslant t_i \leqslant \alpha_i - 1, i = 1, 2, \cdots, r$.

证明　根据命题 3.2 的公式，注意到当 d 是大于 1 的奇数时，有

$$\Phi_{2d}(x) = \Phi_d(-x)$$

并参看命题 3.1 的证明即得所证.

至于具体求法，显然可以仿照求 $x^n - 1$ 的因式的求法来进行. 我们不再赘述.

例 2　求 $x^{30} + 1$ 在 **Q** 上的全部不可约因式.

解　$n = 30 = 2 \times 3 \times 5, P_1 = 3, P_2 = 5, \alpha_1 = 1, \alpha_2 = 1$. 显然 $x^{30} + 1$ 在 **Q** 上能分解为 4 个不可约因式之积. 这些因式是

$$\Phi_2(x^2) = x^2 + 1$$

$$\Phi_3(-x^2) = x^4 - x^2 + 1$$

$$\Phi_5(-x^2) = x^8 - x^6 + x^4 - x^2 + 1$$

$$\Phi_{15}(-x^2) = x^{16} + x^{14} - x^{10} - x^8 - x^6 + x^2 + 1$$

（注意 $\Phi_{15}(x) = x^8 - x^7 + x^5 - x^4 + x^3 - x + 1$）.

推论 3.3　如果 $n = 2^m$，那么 $x^n + 1 = x^{2^m} + 1$ 在 **Q** 上不可约. 如果 $n = 2^m P^t$（$m \geqslant 0$ 是整数，t 是正整数，P 是奇素数），那么 $x^n + 1$ 在 **Q** 上的全部不可约因式是

$$x^{2^m} + 1$$

$$\Phi_P(-x^{2^m P^i}) = x^{2^m P^i (P-1)} - x^{2^m P^i (P-2)} + \cdots - x^{2^m P^i} + 1, i = 0, 1, \cdots, t-1$$

分圆多项式系数的性质

第4章

分圆多项式由 $\Phi_m(x)=\prod\limits_{d\mid m}(x^{\frac{m}{d}}-1)^{\mu(d)}$ 给出，$\mu(d)$ 是 Möbius 函数，一个等价的定义是

$$\begin{cases}\Phi_1(x)=x-1\\ \Phi_m(x)=\dfrac{x^m-1}{\prod\limits_{\substack{d\mid m\\ d<m}}\Phi_d(x)},\text{即 } x^m-1=\prod\limits_{d\mid m}\Phi_d(x)\end{cases}$$

（参看范·德·瓦尔登[①]，《代数学》§ 39）.

$\Phi_m(x)$ 是有理数域上不可分解的 $\varphi(m)$ 次多项式（$\varphi(m)$ 为欧拉函数），它的全部零点恰是所有的 m 次本原单位根（参看范·德·瓦尔登，《代数学》§ 55）.

苏联代数学家切博塔廖夫曾猜测，对任何自然数 m，$\Phi_m(x)$ 的系数都只能是 0 或 ±1，伊凡诺夫找出反例：

$$\Phi_{105}(x)=x^{48}+x^{47}+x^{46}-x^{43}-x^{42}-2x^{41}-x^{40}-x^{30}+x^{36}+x^{35}+x^{34}+x^{33}+x^{32}+x^{31}-x^{28}-x^{26}-x^{24}-x^{22}-x^{20}+x^{17}+x^{16}+x^{15}+x^{14}+x^{13}+x^{12}-x^{9}-x^{8}-2x^{7}-x^{6}-x^{5}+x^{2}+x+1$$

否定了这一猜测（参看华罗庚，《数学归纳法》）.

1963 年，上海财经大学信息系的汤健儿教授曾证明：当 $m=2^\alpha p^\beta q^\gamma$，$\alpha\geqslant0$，$\beta\geqslant0$，$\gamma\geqslant0$ 时，$\Phi_m(x)$ 各项系数才只是 0 或 ±1（《数学通报》1963 年第 10 期）.

---

① 范·德·瓦尔登（van der Waerden，1903—1996），荷兰数学家.

上述反例的一般性结论为：若 $m=pqr$，奇素数 $p<q<r$，则当 $p+q>r$ 时，$\Phi_m(x)$ 中项 x^r 的系数是 -2. 此结论由以下定理即得.

定理 4.1　若 $m=p_1p_2\cdots p_n$，$n\geqslant 3$ 为奇数，奇素数 $p_1<p_2<\cdots<p_n$，则当 $p_1+p_2>p_n$ 时，$\Phi_m(x)$ 中项 $x^{p_1},x^{p_2},x^{p_3},\cdots,x^{p_{n-1}},x^{p_n}$ 的系数分别等于 0，$-1,-2,\cdots,-(n-2),-(n-1)$.

证明定理需用以下三个引理：

引理 4.1　若 p 是奇素数，$\Phi_p(x)=x^{p-1}+x^{p-2}+\cdots+x+1$ 之根设为 α_1，$\alpha_2,\cdots,\alpha_{p-1}$，则

$$\sigma^{(t)}=\sum_{j=1}^{p-1}\alpha_j^t=\begin{cases}-1, p\nmid t\\ p-1, p\mid t\end{cases}$$

证明　当 $p\nmid t$ 时，$\alpha_1^t,\alpha_2^t,\cdots,\alpha_{p-1}^t$ 是 $\alpha_1,\alpha_2,\cdots,\alpha_{p-1}$ 的一个排列，有方程根与系数的关系 $\sum_{j=1}^{p-1}\alpha_j^t=\sum_{j=1}^{p-1}\alpha_j=-1$；当 $p\mid t$ 时，$\alpha_j^t=1(j=1,2,\cdots,p-1)$，故 $\sum_{j=1}^{p-1}\alpha_j^t=p-1$.

引理 4.2　$p_1,p_2,\cdots,p_n$ 是各不相同的奇素数. 记 $\sigma_i^{(t)}=\sum_{j=1}^{p_{i-1}}\alpha_{ij}^s$，其中 α_{i1}，$\alpha_{i2},\cdots,\alpha_{ip_{i-1}}$ 是 $\Phi_{p_i}(x)$ 的 i 根$(i=1,2,\cdots,n)$. 若 $m=p_1p_2\cdots p_n$，$\Phi_m(x)$ 诸根设为 $x_1,x_2,\cdots,x_{\varphi(m)}$，则

$$s_t=\sum_{j=1}^{\varphi(m)}x_j^t=\sigma_1^{(t)}\sigma_2^{(t)}\cdots\sigma_n^{(t)}$$

证明　$m=p_1p_2\cdots p_n$，$\Phi_m(x)$ 是 $\varphi(m)=(p_1-1)(p_2-1)\cdots(p_n-1)$ 次多项式，它的全部根恰为 $x_j=\alpha_{1j_1}\alpha_{2j_2}\cdots\alpha_{nj_n}$，$j=1,2,\cdots,\varphi(m)$，$j_i=1,2,\cdots,p_i-1$，$i=1,2,\cdots,n$. 所以

$$\begin{aligned}S_t&=\sum_{j=1}^{\varphi(m)}x_j^t\\&=\sum_{j_1=1}^{p_1-1}\sum_{j_2=1}^{p_2-1}\cdots\sum_{j_n=1}^{p_n-1}\alpha_{1\,j_1}^t\alpha_{2\,j_2}^t\cdots\alpha_{n\,j_n}^t\\&=\sum_{j_1=1}^{p_1-1}\alpha_{1\,j_1}^t\sum_{j_2=1}^{p_2-1}\alpha_{2\,j_2}^t\cdots\sum_{j_n=1}^{p_n-1}\alpha_{n\,j_n}^t\\&=\sigma_1^{(t)}\sigma_2^{(t)}\cdots\sigma_n^{(t)}\end{aligned}$$

引理 4.3　多项式 $f(x)=x^n+a_1x^{n-1}+\cdots+a_{n-1}x+a_n$ 之根分别设为 x_1，$x_2,\cdots,x_n$. 记 $S_t=\sum_{j=1}^{n}x_j^t$，则系数

$$a_k=\frac{(-1)^k}{k!}\begin{vmatrix} s_1 & 1 & & & & \\ s_2 & s_1 & 2 & & & \\ s_3 & s_2 & s_1 & 3 & & \\ & & & \ddots & \ddots & \\ \vdots & & \ddots & & \ddots & k-1 \\ s_k & \cdots & \cdots & s_2 & & s_1 \end{vmatrix},k=1,2,\cdots,n$$

证明 $f(x)=(x-x_1)(x-x_2)\cdots(x-x_n)$. 求导

$$f'(x)=\sum_{j=1}^{n}\frac{f(x)}{x-x_j}$$

$$=\sum_{j=1}^{n}[x^{n-1}+(x_j+a_1)x^{n-2}+\cdots+(x_j^k+a_1x_j^{k-1}+\cdots+a_k)x^{n-k-1}+\cdots+(x_j^{n-1}+\cdots+a_{n-1})]$$

$$=nx^{n-1}+(s_1+na_1)x^{n-2}+\cdots+(s_k+a_1s_{k-1}+\cdots+a_{k-1}s_1+na_k)x^{n-k-1}+\cdots+(s_{n-1}+\cdots+na_{n-1})$$

另有

$$f'(x)=nx^{n-1}+(n-1)a_1x^{n-2}+\cdots+(n-k)a_kx^{n-k-1}+\cdots+a_{n-1}$$

当 $1\leqslant k\leqslant n-1$ 时,比较系数即有

$$s_k+a_1s_{k-1}+\cdots+a_{k-1}s_1+ka_k=0$$

由 $\sum_{j=1}^{n}f(x_j)=0$ 知 $k=n$ 时等式亦成立. 用 Gramer 法则解出 a_k 即得.

定理 4.1 的证明 若 x 是 m 次本原单位根,则 x^{-1} 亦是 m 次本原单位根,所以 $\Phi_m(x)$ 的系数首尾对称,x^l 与 $x^{\varphi(m)-l}$ 二项系数相同.

根据引理 4.1,4.2 且 n 是奇数,可列出表 1.

表 1

$\sigma_i^{(i)}$ t / p_i	1	2	$\cdots$	p_1	p_2	$\cdots$	p_{n-1}	p_n
p_1	-1	-1	$\cdots$	p_1-1	-1	$\cdots$	-1	-1
p_2	-1	-1	$\cdots$	-1	p_2-1	$\cdots$	-1	-1
$\vdots$	$\vdots$	$\vdots$		$\vdots$	$\vdots$		$\vdots$	$\vdots$
p_{n-1}	-1	-1	$\cdots$	-1	-1	$\cdots$	$p_{n-1}-1$	-1
p_n	-1	-1	$\cdots$	-1	-1	$\cdots$	-1	p_n-1
s_n	-1	-1	$\cdots$	p_1-1	p_2-1	$\cdots$	$p_{n-1}-1$	p_n-1

令 p_n 阶矩阵

$$
\boldsymbol{A}=\begin{pmatrix}
s_1 & 1 & & & \\
s_2 & s_1 & 2 & & \\
s_3 & s_2 & s_1 & 3 & \\
 & \ddots & \ddots & \ddots & \\
\vdots & & \ddots & \ddots & p_{n-1} \\
s_{p_n} & \cdots & \cdots & s_2 & s_1
\end{pmatrix}
$$

由引理 4.3，$\Phi_m(x)$ 中项 $x^{\varphi(m)-p_k}$ 的系数为 $a_{p_k}=-\dfrac{1}{p_k!}\Delta_k$，$p_k$ 阶行列式

$$
\Delta_k=\begin{vmatrix}
-1 & 1 & & & & & \\
-1 & -1 & 2 & & & & \\
 & & \ddots & \ddots & & & \\
p_1-1 & & & \ddots & \ddots & & \\
 & \ddots & & & \ddots & \ddots & \\
p_{k-1}-1 & & \ddots & & & \ddots & \ddots \\
 & & & & & & p_k-1 \\
 & \ddots & & \ddots & & \ddots & \\
p_k-1 & & p_{k-1}-1 & & p_1-1 & & -1
\end{vmatrix},k=1,2,\cdots,n
$$

是 $\boldsymbol{A}$ 的 p_k 阶主子式，如能证明 $\Delta_k=(k-1)p_k!$，定理即成立.

首先，当 $k=1,2$ 时只需把行列式的第 $2,3,\cdots,p_1$ 列都加到第 1 列上，就不难看出 $\Delta_1=0$，$\Delta_2=p_2!$. 假定 $k\geqslant 3$，因为 $p_2<p_k\leqslant p_n<p_1+p_2$，所以在 p_2 与 p_k 之间至多只有一个整数是 p_1 的倍数. 显然 $\left[\dfrac{p_2}{p_1}\right]\leqslant\left[\dfrac{p_k}{p_1}\right]\leqslant 1+\left[\dfrac{p_2}{p_1}\right]$ 成立，$[x]$ 表示不超过 x 的最大整数. 设 $\left[\dfrac{p_2}{p_1}\right]=\lambda$，则 $\left[\dfrac{p_k}{p_1}\right]=\lambda$ 或 $\lambda+1$. 下面分两种情形进行讨论：

(1) $\left[\dfrac{p_k}{p_1}\right]=\lambda$，此时 p_2，p_k 之间无整数是 p_1 的倍数，Δ_k 为：

$$
\begin{array}{c|cccccccccc|}
\text{行序} & & & & & & & & & & \\
1 & -1 & & & & & & & & & \\
2 & -1 & -1 & 2 & & & & & & & \\
\vdots & \vdots & & \ddots & \ddots & & & & & & \\
p_1 & p_1-1 & & & \ddots & \ddots & & & & & \\
\vdots & \vdots & \ddots & & & \ddots & \ddots & & & & \\
\lambda p_1 & p_1-1 & & \ddots & & & \ddots & \ddots & & & \\
\vdots & \vdots & \ddots & & \ddots & & & \ddots & \ddots & & \\
p_2 & p_2-1 & & \ddots & & \ddots & & & \ddots & \ddots & \\
\vdots & \vdots & \ddots & & \ddots & & \ddots & & & \ddots & p_k-1 \\
p_k & p_k-1 & \cdots & p_2-1 & \cdots & p_1-1 & \cdots & p_1-1 & & \cdots & -1 \\
\hline
\text{列序} & 1 & \cdots & p_k-p_2+1 & \cdots & p_k-\lambda p_1+1 & \cdots & p_k-p_1+1 & & \cdots & p_k
\end{array}
$$

因 $\lambda < \dfrac{p_k}{p_1} < \lambda + 1$，故

$$p_k - \lambda p_1 + 1 \leqslant p_1 < p_k - (\lambda - 1)p_1$$

此不等式限定了第 p_1 列所在位置的范围. 行列式自第 $p_1 - 1$ 行至 $p_2 - 1$ 行，每行前 p_1 个元素中 $p_1 - 1$ 出现一次，其余 $p_1 - 1$ 个元素都是 -1；自第 p_2 行至 $p_3 - 1$ 行，每行前 p_1 个元素中 $p_1 - 1, p_2 - 1$ 各出现一次，其余 $p_1 - 2$ 个元素都是 -1；……；自第 p_{k-1} 行至 $p_k - 1$ 行，每行前 p_1 个元素中 $p_1 - 1, p_2 - 1, \cdots, p_{k-1} - 1$ 各出现一次，其余 $p_1 - k + 1$ 个元素都是 -1；最后第 p_k 行上前 p_1 个元素中 $p_1 - 1, p_2 - 1, \cdots, p_k - 1$ 各出现一次，其余 $p_1 - k$ 个元素都是 -1. 根据这个特性，把第 $2, 3, \cdots, p_1$ 列都加到第1列上，第1列前 $p_2 - 1$ 个元素都化为0，第 p_2 到 $p_3 - 1$ 个元素化为 p_2，第 p_3 到 $p_4 - 1$ 个元素化为 $p_2 + p_3$，……，第 p_{k-1} 到 $p_k - 1$ 个元素化为 $p_2 + p_3 + \cdots + p_{k-1}$，最后第 p_k 个元素化为 $p_2 + p_3 + \cdots + p_k$. 又因为 $p_k - p_1 + 1 < p_2 + 1$，所以行列式自第 $p_2 + 1$ 列至 p_k 列，各列除第一个非零元素分别为 $p_2, p_2 + 1, \cdots, p_k - 1$ 外，下面的元素都是 -1. 接着第 $p_2 + 1$ 列至 p_3 列各列乘以 -1，第 $p_3 + 1$ 列至 p_4 列各列乘以 -2，……，第 $p_{k-1} + 1$ 列至 p_k 列各列乘以 $-(k-2)$，再都加到第1列上，这样第1列最后第 p_k 个元素化为 $(k-1)p_k$，而前面元素都化为0，行列式之值显然等于 $(k-1)p_k!$.

(2) $\left[\dfrac{p_k}{p_1}\right] = \lambda + 1$，此时整数 $(\lambda + 1)p_1$ 在 p_2, p_k 之间，Δ_k 为：

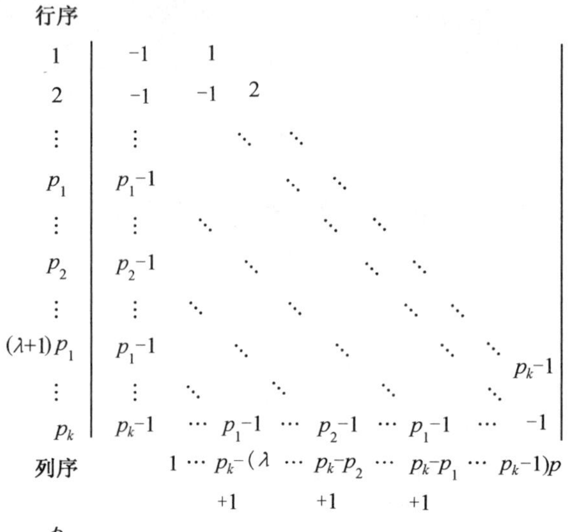

由 $p_1 + p_2 > p_k$ 与 $\dfrac{p_k}{p_1} > \lambda + 1$，有

$$p_k - p_2 + 1 \leqslant p_1 < p_k - \lambda p_1$$

行列式具有与上面相同的特性，其值同样等于 $(k-1)p_k!$ 定理成立.

推论 4.1　若 $m=p_1^{\alpha_1}p_2^{\alpha_2}\cdots p_n^{\alpha_n}$，$n\geqslant 3$ 为奇数，$\alpha_i\geqslant 1(i=1,2,\cdots,n)$，奇素数 $p_1<p_2<\cdots<p_n$，则当 $p_1+p_2>p_n$ 时，$\Phi_m(x)$ 中项 $x^{p_1^{\alpha_1-1}\cdots p_k^{\alpha_k}\cdots p_n^{\alpha_n-1}}$ 的系数为 $-(k-1)$，$1\leqslant k\leqslant n$.

设 $x^{p_1^{\alpha_1-1}p_2^{\alpha_2-2}\cdots p_2^{\alpha_n-1}}=y$，则

$$x^m-1=y^{p_1p_2\cdots p_n}-1$$

$\Phi_m(x)$ 是左式的 $\varphi(m)=(p_1^{\alpha_1}-p_1^{\alpha_1-1})(p_2^{\alpha_2}-p_2^{\alpha_2-1})\cdots(p_n^{\alpha_n}-p_n^{\alpha_n-1})$ 次因子；$\Phi_{p_1p_2\cdots p_n}(y)$ 是右式的 $\varphi(p_1p_2\cdots p_n)=(p_1-1)(p_2-1)\cdots(p_n-1)$ 次因子，把 y 代换成 x 后也是 $(p_1^{\alpha_1}-p_1^{\alpha_1-1})(p_2^{\alpha_2}-p_2^{\alpha_2-1})\cdots(p_n^{\alpha_n}-p_n^{\alpha_n-1})$ 次多项式. 另外 $y^{p_1p_2\cdots p_n}-1$ 除 $\Phi_{p_1p_2\cdots p_n}(y)$ 外其他因子把 y 换为 x 后都与 $\Phi_m(x)$ 互质，故 $\Phi_m(x)=\Phi_{p_1p_2\cdots p_n}(y)$. 由以上定理 $\Phi_{p_1p_2\cdots p_n}(y)$ 中项 y^{p_k} 的系数为 $-(k-1)$，即 $\Phi_m(x)$ 中项 $x^{p_1^{\alpha_1-1}\cdots p_k^{\alpha_k}\cdots p_n^{\alpha_n-1}}$ 的系数为 $-(k-1)$.

推论 4.2　若 $m=2^{\alpha}p_1^{\alpha_1}p_2^{\alpha_2}\cdots p_n^{\alpha_n}$，$n\geqslant 3$ 为奇数，$\alpha\geqslant 1$，$\alpha_i\geqslant 1(i=1,2,\cdots,n)$，奇素数 $p_1<p_2<\cdots<p_n$，则当 $p_1+p_2>p_n$ 时，$\Phi_m(x)$ 中项 $x^{2^{\alpha-1}p_1^{\alpha_1-1}\cdots p_n^{\alpha_n-1}}$ 的系数为 $k-1$，$1\leqslant k\leqslant n$.

$$x^m-1=(x^{2^{\alpha-1}p_1^{\alpha_1}\cdots p_n^{\alpha_n}}+1)(x^{2^{\alpha-1}p_1^{\alpha_1}p_n^{\alpha_n}}-1)$$

$\Phi_m(x)$ 不可能是右或第二个括号的因子，必定是第一个括号的因子. 令 $x^{2^{\alpha-1}p_1^{\alpha_1-1}\cdots p_n^{\alpha_n-1}}=-y$，则

$$x^{2^{\alpha-1}p_1^{\alpha_1}\cdots p_n^{\alpha_n}}+1=-y^{p_1p_2\cdots p_n}-1$$

依照推论 4.1 有

$$\Phi_m(x)=\Phi_{p_1p_2\cdots p_n}(y)$$

因 $\Phi_{p_1p_2\cdots p_n}(y)$ 中项 y^{p_k} 的系数为 $-(k-1)$，故 $\Phi_m(x)$ 中项 $x^{2^{\alpha-1}p_1^{\alpha_1-1}\cdots p_k^{\alpha_k}\cdots p_n^{\alpha_n-1}}$ 的系数为 $k-1$.

推论 4.3　$\Phi_m(x)$ 的系数无界.

$\pi(x)$ 表示不大于 x 的素数的个数，有 $\pi(2x)-\pi(x)>\alpha\dfrac{x}{\ln x}$，$\alpha$ 是某常数.(华罗庚,《数论导引》)

设 M 是任意正数，取奇数 $n>M+1$. 因 $\dfrac{x}{\ln x}\to+\infty(x\to+\infty)$，当 x 充分大时有 $\pi(2x)-\pi(x)>\alpha\dfrac{x}{\ln x}>n$，故在 x 与 $2x$ 之间可找出 n 个素数 $p_1<p_2<\cdots<p_n$，有 $p_1+p_2>2p_1\geqslant 2x>p_n$. 取 $m=p_1p_2\cdots p_n$，由定理可知 $\Phi_m(x)$ 中项 x^{p_n} 的系数 $-(n-1)$ 之绝对值大于 M.

若定理中条件 $p_1+p_2>p_n$ 不满足，则 $\Phi_m(x)$ 中亦有系数不为 0 或 ± 1 之项，例如，在 $m=3\times 55=165$ 时，可以算出

$\Phi_{165}(x)=x^{80}+x^{79}+x^{78}-x^{75}-x^{74}-x^{73}-x^{69}-x^{68}-x^{67}+x^{65}+$

$2x^{64}+2x^{63}+x^{62}-x^{60}-x^{59}-x^{58}-x^{54}-x^{52}+x^{50}+2x^{49}+2x^{48}+2x^{47}+x^{46}-x^{44}-x^{43}-x^{42}-x^{41}-x^{40}-x^{39}-x^{38}-x^{37}-x^{36}+x^{34}+2x^{33}+2x^{32}+2x^{31}+x^{30}-x^{28}-x^{27}-x^{26}-x^{22}-x^{21}-x^{20}+x^{18}+2x^{17}+2x^{16}+x^{15}-x^{13}-x^{12}-x^{11}-x^{7}-x^{6}-x^{5}+x^{2}+x+1$

另外,n 是偶数时尚未知 $\Phi_m(x)$ 的系数有何规律.

我们也猜测:凡不属于 $2^{\alpha}p^{\beta}q^{\gamma}$ 类型之数 m,$\Phi_m(x)$ 中必存在系数不为0或 ± 1 之项.

第5章

对《关于分圆多项式既约因子的性质》一文的意见

《数学通报》曾发表了佟文廷同志《关于分圆多项式既约因子的性质》一文，提出了这样一个命题：在有理数域内多项式 x^m-1 之任何既约因子的系数，对任何 m 都只能是 0 或 ± 1. 从而肯定了切博塔廖夫正确. [①]经研究，我们发现结果是错误的. 原来佟文廷同志仅提出一种分解多项式 $\sum_{i=0}^{n} x^i$ 的方法，按这种方法 $\sum_{i=0}^{n} x^i$ 分解到不能再分解时，所得的每个因子的系数的确只能为 0 或 ± 1，但这些因子是否一定就是既约多项式呢？佟文廷同志没有证明却含糊地肯定了. 原上海市劳动局第二技工学校的汤健儿老师于 1963 年举出了一个反例，说明了实际上并不是这样的.

我们可知

$$\sum_{i=0}^{14} x^i = \sum_{i=0}^{4} x^i + \sum_{i=5}^{9} x^i + \sum_{i=10}^{14} x^i$$
$$= (x^{10}+x^5+1)\sum_{i=0}^{4} x^i$$

令 $x^5=y$，则第一个因子为 y^2+y+1，不能再分解了；或者

$$\sum_{i=0}^{14} x^i = \sum_{i=0}^{2} x^i + \sum_{i=3}^{5} x^i + \sum_{i=6}^{8} x^i + \sum_{i=9}^{11} x^i + \sum_{i=12}^{14} x^i$$
$$= (x^{12}+x^9+x^6+x^3+1)(x^2+x+1)$$

令 $x^3=y$，第一个因子为 $y^4+y^3+y^2+y+1$，也不能再分解了. 可是

① 见《数学通报》1963 年 7 月号佟文廷《关于分圆多项式既约因子的性质》.

$$x^{10}+x^5+1=(x^2+x+1)(x^8-x^7+x^5-x^4+x^3-x+1)$$

$$x^{12}+x^9+x^6+x^3+1$$
$$=(x^4+x^3+x^2+x+1)(x^8-x^7+x^5-x^4+x^3-x+1)$$

事实上，切博塔廖夫的猜测是不正确的，例如以所有105次本原单位根为根的多项式是

$$x^{48}+x^{47}+x^{46}-x^{43}-x^{42}-2x^{41}-x^{40}-x^{39}+x^{36}+x^{35}+x^{34}+x^{33}+x^{32}+x^{31}-x^{28}-x^{26}-x^{24}-x^{22}-x^{20}+x^{17}+x^{16}+x^{15}+x^{14}+x^{13}+x^{12}-x^9-x^8-2x^7-x^6-x^5+x^2+x+1$$ ①

已不再具有系数只是0或±1的性质了.

下面我们证明，当 m 为某种类型的数时，切博塔廖夫的猜测才是正确的.

这里还需引用佟文廷的两个定义：

定义5.1 m 次单位根 ω 若满足 $\omega^m=1,\omega^s\neq 1(s<m)$，则称 ω 为 m 次本原单位根.

定义5.2 分圆多项式 $\Phi_m(x)$ 定义如下

$$\begin{cases}\Phi_1(x)=x-1\\ \Phi_m(x)=\dfrac{x^m-1}{\prod\limits_{\substack{d<m\\ d\mid m}}\Phi_d(x)}\Rightarrow x^m-1=\prod\limits_{d\mid m}\Phi_d(x)\end{cases}$$

我们先建立几个引理.

引理5.1 $\Phi_m(x)$ 是 $\varphi(m)$ 次多项式，它的全部根恰是全体 m 次本原单位根（$\varphi(m)$ 是欧拉函数，表示小于 m 且与 m 互质的正整数的个数）.

证明 对 m 使用归纳法.

$\Phi_1(x)=x-1$，显然成立.

假定对小于 m 的正整数引理成立. 设 ω 为任一 m 次本原单位根，则

$$\omega^m-1=\prod_{d\mid m}\Phi_d(\omega)=0$$

所以 $\Phi_s(\omega)\neq 0$，故必有

$$\Phi_m(\omega)=0$$

由于 m 次本原单位根共有 $\varphi(m)$ 个②，因此 $\Phi_m(x)$ 的次数不小于 $\varphi(m)$；若 $\Phi_m(x)$ 的次数 n 大于 $\varphi(m)$，则 $x^m-1=\Phi_m(x)\prod\limits_{\substack{d<m\\ d\mid m}}\Phi_d(x)$ 的次数 $n+\sum\limits_{\substack{d<m\\ d\mid m}}\varphi(d)>$

① 此例采自法捷耶夫，索明斯基，《高等代数习题》中第86题.

② 参看奥库涅夫，《高等代数》，第九章“§47 二项方程”.

$\sum_{d|m}\varphi(d)=m$①,得矛盾.引理证毕.

引理 5.2　若 $s<m$,则多项式 Φ_m 与 x^s-1 互质.

证明　由引理 5.1,$\Phi_m(x)$ 的根一定是 m 次本原单位根 ω.因为 $s<m$,所以$\omega^s-1\neq 0$,亦即 $\Phi_m(x)$ 与 x^s-1 之公共根,故 $\Phi_m(x)$ 与 x^s-1 互质.

引理 5.3　若 $(s,n+1)=1$,则 $x^{sn}+s^{s(n-1)}+\cdots+x^s+1$ 可被 $x^n+x^{n-1}+\cdots+x+1$ 整除,且其商之系数只能是 0 或 ± 1.

证明　(1) 恒等式成立

$$x^{s(n+1)}-1=(x^s-1)(x^{sn}+x^{s(n-1)})+\cdots+x^s+1$$

$$x^{n+1}-1=(x-1)(x^n+x^{n-1}+\cdots+x+1)$$

两式相除

$$\frac{x^{s(n+1)}-1}{x^{n+1}-1}=\frac{(x^s-1)(x^{sn}+x^{s(n-1)}+\cdots+x^s+1)}{(x-1)(x^n+x^{n-1}+\cdots+x+1)}$$

即

$$\begin{aligned}&(x^{n+1})^{s-1}+(x^{n+1})^{s-2}+\cdots+x^{n+1}+1\\=&\frac{(x^{s-1}+x^{s-2}+\cdots+1)(x^{sn}+x^{s(n-1)}+\cdots+x^s+1)}{x^n+x^{n-1}+\cdots+x+1}\end{aligned}$$

因为分子第一个因子的项数与分母的项数互质,由辗转相除法即知这两个多项式互质;而左端为一整式,故 $x^{sn}+x^{s(n-1)}+\cdots+x^s+1$ 必可被 $x^n+x^{n-1}+\cdots+x+1$ 整除.

(2) 设 $R_0(x)=x^{sn}+x^{s(n-1)}+\cdots+x^s+1$. $R_0(x)$ 按降幂排列并且其系数只是 0 或 1.对 $R_0(x)$ 作变形

$$\begin{aligned}R_0(x)=&x^{sn-n}(x^n+x^{n-1}+\cdots+x+1)-x^{sn-n-1}(x^n+x^{n-1}+\cdots+x+1)+\\&x^{sn-(n+1)}+x^{s(n-1)}+\cdots+x^s+1\\=&(x^{sn-n}-x^{sn-n-1})(x^n+x^{n-1}+\cdots+x+1)+R_1(x)\end{aligned}$$

其中

$$R_1(x)=x^{sn-(n+1)}+x^{s(n-1)}+\cdots+x^s+1$$

其首项由 $R_0(x)$ 的最高项降低 $n+1$ 次而得,其余各项与 $R_0(x)$ 完全一样.由于 $(s,n+1)=1$,因此首项不能与后面任意一项合并,故按降幂排列后各项系数仍只是 0 或 1.另外 $R_1(x)$ 的次数低于 $R_0(x)$ 且仍能被 $x^n+x^{n-1}+\cdots+x+1$ 整除.

对 $R_1(x)$ 施以相同的变形

$$R_1(x)=(x^{\tau_1}-x^{\tau_1-1})(x^n+x^{n-1}+\cdots+x+1)+R_2(x)$$

---

① $\sum_{d|m}\varphi(d)=m$,参看维诺格拉多夫,《数论基础》,第二章"§4 欧拉函数".

同样，$R_2(x)$ 按降幂排列后各项系数只是0或1，并且次数低于 $R_1(x)$，也能被 $x^n+x^{n-1}+\cdots+x+1$ 整除. 于是又有

$$R_2(x)=(x^{\tau_2}-x^{\tau_2-1})(x^n+x^{n-1}+\cdots+x+1)+R_3(x)$$

如此经有限步而止.

显然，$x^{sn}+x^{s(n-1)}+\cdots+x^s+1$ 被 $x^n+x^{n-1}+\cdots+x+1$ 除，所得之商为

$$x^{sn-n}-x^{sn-n-1}+x^{\tau_1}-x^{\tau_1-1}+x^{\tau_2}-x^{\tau_2-1}+\cdots$$

由于

$$sn-n>\tau_1>\tau_2>\cdots$$

故合并整理后所得多项式系数只能是0或 ±1. 证毕.

现在我们证明下面定理.

定理 5.1 当 m 的标准分解式为 $2^\alpha p^\beta q^\gamma$ 时，$\Phi_m(x)$ 各项系数只能是0或 ±1.

证明 首先，我们考虑 $m=p^\beta$ 时的情形. 由引理5.1，此时 $\Phi_m(x)$ 为 $-\varphi(p^\beta)=p^\beta-p^{\beta-1}$①次多项式.

$$\begin{aligned}x^m-1&=(x^{p^{\beta-1}})^p-1\\&=(x^{p^{\beta-1}}-1)(x^{p^{\beta-1}(p-1)}+x^{p^{\beta-1}(p-2)}+\cdots+x^{p^{\beta-1}}+1)\end{aligned}$$

第二个因子是一个 $p^{\beta-1}(p-1)=p^\beta-p^{\beta-1}$ 次多项式，其系数只是0与1. 由引理5.2，第一个因子 $x^{p^{\beta-1}}-1$ 中不含有 $\Phi_m(x)$ 的因子，故

$$x^{p^{\beta-1}(p-1)}+x^{p^{\beta-1}(p-2)}+\cdots+x^{p^{\beta-1}}+1=\Phi_m(x)$$

定理成立.

其次

$$m=p^\beta q^\gamma$$

此时 $\Phi_m(x)$ 为 $\varphi(p^\beta q^\gamma)=(p^\beta-p^{\beta-1})(q^\gamma-q^{\gamma-1})$ 次多项式. 令 $x^{p^{\beta-1}q^{\gamma-1}}=y$，则

$$x^m-1=y^{pq}-1=(y^p-1)(y^{p(q-1)}+y^{p(q-2)}+\cdots+y^p+1)$$

由引理5.3，第二个因子可被 $y^{q-1}+y^{q-2}+\cdots+y+1$ 整除，其商之系数只能是0或 ±1. 再若能证明此商仍以 x 表示，所得结果即 $\Phi_m(x)$，则定理就成立了.

不难看出，此商是 y 的 $p(q-1)-(q-1)=(p-1)(q-1)$ 次多项式，因而是 x 的 $p^{\beta-1}q^{\gamma-1}(p-1)(q-1)=(p^\beta-p^{\beta-1})(q^\gamma-q^{\gamma-1})$ 次多项式；另外由引理5.2，$y^p-1=x^{p^\beta q^{\gamma-1}}-1$ 与 $y^{q-1}+y^{q-2}+\cdots+y+1=\dfrac{y^q-1}{y-1}=\dfrac{x^{p^{\beta-1}q^\gamma}-1}{x^{p^{\beta-1}q^{\gamma-1}}-1}$ 中都不包含 $\Phi_m(x)$ 的因子，由此欲证即明.

最后 $m=2^\alpha p^\beta q^\gamma$，此时 $\Phi_m(x)$ 为 $\varphi(2^\alpha p^\beta q^\gamma)=2^{\alpha-1}(p^\beta-p^{\beta-1})(q^\gamma-q^{\gamma-1})$ 次

① 若 $m=p_1^{\alpha_1}p_2^{\alpha_2}\cdots p_s^{\alpha_s}$，则 $\varphi(m)=(p_1^{\alpha_1}-p_1^{\alpha_1-1})\times(p_2^{\alpha_2}-p_2^{\alpha_2-1})\times\cdots\times(p_s^{\alpha_s}-p_s^{\alpha_s-1})$ 同上.

多项式. 令

$$x^{2^{\alpha-1}p^{\beta-1}q^{\gamma-1}}=y$$

则

$$x^m-1=y^{2pq}-1=(y^{pq}-1)(y^{pq}+1)$$

再令

$$y=-z$$

则第二个因子

$$y^{pq}+1=-(z^{pq}-1)=-(z^p-1)(z^{p(q-1)}+z^{p(q-2)}+\cdots+z^p+1)$$

$z^{p(q-1)}+z^{p(q-2)}+\cdots+z^p+1$ 可被 $z^{q-1}+z^{q-2}+\cdots+z+1$ 整除,其商之系数只能是 0 或 ±1,以 x 表示后即为 $\Phi_m(x)$. 这是因为此商是 z(亦是 y) 的 $(p-1)\cdot(q-1)$ 次多项式,因而是 x 的 $2^{\alpha-1}p^{\beta-1}q^{\gamma-1}(p-1)(q-1)=2^{\alpha-1}(p^\beta-p^{\beta-1})\cdot(q^\gamma-q^{\gamma-1})$ 次多项式. 另外

$$y^{pq}-1=x^{2^{\alpha-1}p^\beta q^\gamma}-1$$

$$-(z^p-1)=y^p+1=\frac{y^{2p}-1}{y^p-1}=\frac{x^{2^\alpha p^\beta q^{\gamma-1}}-1}{x^{2^{\alpha-1}p^\beta q^{\gamma-1}}-1}$$

和

$$\begin{aligned}&z^{q-1}+z^{q-2}+\cdots+z+1\\=&\frac{z^q-1}{z-1}\\=&\frac{y^q+1}{y+1}\\=&\frac{y^{2q}-1}{(y+1)(y^q-1)}\\=&\frac{x^{2^\alpha p^{\beta-1}q^\gamma}-1}{(x^{2^{\alpha-1}p^{\beta-1}q^{\gamma-1}}+1)(x^{2^{\alpha-1}p^{\beta-1}q^\gamma}-1)}\end{aligned}$$

都不含有 $\Phi_m(x)$ 的因子,故得证. 定理到此证毕.

注意,上面提到的 $105=3\times5\times7$ 是不属于 $2^\alpha p^\beta q^\gamma$ 类型的最小数,由此猜想:凡不属于 $2^\alpha p^\beta q^\gamma$ 类型的数 m,$\Phi_m(x)$ 的系数一定不能全是 0 或 ±1(即本章定理的逆定理成立). 作为一个未解决的问题,提出来供大家研究.

关于分圆多项式既约因式 $\phi_m(x)$ 系数性质的猜测

第6章

内蒙古第二机械制造厂计算中心的庄凯工程师1991年就汤健儿先生于1963年和1987年在《数学通报》上所发表的两篇文章①中所提出的关于分圆多项式既约因式 $\phi_m(x)$ 系数的猜测问题,举出实际例子以否定汤健儿先生的猜测,同时对分圆多项式既约因式 $\phi_m(x)$ 的系数性质给出一个猜测,该猜测在一定的数 m 分解条件下满足切博塔廖夫的猜测.

6.1 对汤健儿先生所著两篇文章中猜测的否定

苏联著名的代数学家切博塔廖夫在1939年于他的一篇论文《代数各部分和数论中的几个问题》中曾提出一个猜测,即:

"设 $\phi_m(x)$ 为 x^m-1 之因式(在有理数域),它的根为 m 次本原单位根,则对任意自然数 m,$\phi_m(x)$ 的系数只能是0或 ±1".

事实上,切博塔廖夫的猜测是不正确的,后来由伊凡诺夫找出一个反例——以105次本原单位根为根的多项式,即

$$\begin{aligned}\phi_{105}(x)=&x^{48}+x^{47}+x^{46}-x^{43}-x^{42}-2x^{41}-x^{40}-x^{39}+\\&x^{36}+x^{35}+x^{34}+x^{33}+x^{32}+x^{31}-x^{28}-x^{26}-\\&x^{24}-x^{22}-x^{20}+x^{17}+x^{16}+x^{15}+x^{14}+x^{13}+\\&x^{12}-x^{9}-x^{8}-2x^{7}-x^{6}-x^{5}+x^{2}+x+1\end{aligned}$$

故 $\phi_{105}(x)$ 不再具有系数只是0或 ±1 的性质了.

① 汤健儿.对《关于分圆多项式既约因子的性质》一文的意见[J].数学通报,1963,10.
汤健儿.分圆多项式系数的性质[J].数学通报.1987,5.

那么当 m 为何值时，切博塔廖夫的猜测才是正确的呢？汤健儿先生在文章《对〈关于分圆多项式既约因子的性质〉一文的意见》中，对当 $m=p^\beta q^\gamma$ 和 $m=2^\alpha p^\beta q^\gamma$（其中 p,q 为素数）时，已证明了 $\phi_m(x)$ 各项系数只能是 0 或 ±1，与此同时提出一个猜测，该猜测在其文章《分圆多项式系数的性质》中再次提出，即：

凡不属于 $2^\alpha p^\beta q^\gamma$ 类型的数 m，$\phi_m(x)$ 的系数一定不能全是 0 或 ±1.

事实上，他的这个猜测是否正确，到目前为止尚未见过有关报导，通过对分圆多项式既约因式 $\phi_m(x)$ 的计算，故发现汤健儿先生的猜测是不正确的. 我们找出一个反例——$m=231=3\times7\times11$，故不属于 $2^\alpha p^\beta q^\gamma$ 类型，即以 231 次本原单位根为根的多项式

$$\begin{aligned}\phi_{231}(x)=\;&x^{120}+x^{119}+x^{118}-x^{113}-x^{112}-x^{111}-x^{109}-x^{108}-x^{107}+x^{102}+\\&x^{101}+x^{100}+x^{99}+x^{98}+x^{97}-x^{92}-x^{91}-x^{90}-x^{88}+x^{85}+x^{81}+\\&x^{77}-x^{75}-x^{74}-x^{71}-x^{70}+x^{68}+x^{64}+x^{60}+x^{56}+x^{52}-x^{50}-\\&x^{49}-x^{46}-x^{45}+x^{43}+x^{39}+x^{35}-x^{32}-x^{30}-x^{29}-x^{28}+x^{23}+\\&x^{22}+x^{21}+x^{20}+x^{19}+x^{18}-x^{13}-x^{12}-x^{11}-x^{9}-x^{8}-x^{7}+\\&x^{2}+x+1\end{aligned}$$

故发现 $\phi_{231}(x)$ 中只具有系数为 0 或 ±1 的性质. 当然我们还能举出更多的不属于 $2^\alpha p^\beta q^\gamma$ 类型的数 m，诸如：$m=663$，1 311，4 551，6 063，14 271，…，以其本原单位根为根的多项式的系数只有为 0 或 ±1 的性质.

6.2　m 为 $3^\alpha p^\beta q^\gamma$ 类型时 $\phi_m(x)$ 系数的猜测

那么试问，当 m 为何值时，$\phi_m(x)$ 的系数能够满足切博塔廖夫的猜测呢？这个问题目前已经在理论上被证明了：当 $m=p^\alpha q^\beta$ 及 $m=2^\alpha p^\beta q^\gamma$ 时，$\phi_m(x)$ 的系数只有 0 或 ±1（见《对〈关于分圆多项式既约因子的性质〉一文的意见》）. 那么是否还存在其他类型的数 m，能够满足切博塔廖夫的猜测呢？答案是肯定的. 通过对分圆多项式既约因式 $\phi_m(x)$ 的计算，庄凯给出了一个 m 为 $3^\alpha p^\beta q^\gamma$ 类型时，$\phi_m(x)$ 系数的猜测，即：

在有理数域上，凡属于 $3^\alpha p^\beta q^\gamma$ 类型的数 m，其中 $3<p<q$，当条件 $3+p<q$ 且 $q-p=4$（p,q 是素数）时，则 $\phi_m(x)$ 各项系数只能是 0 或 ±1（即满足切博塔廖夫的猜测）. 当条件不满足时，则 $\phi_m(x)$ 的各项系数一定不能全是 0 或 ±1.

当然这只是一个猜测，在理论上尚未证明，还有待于我们继续探讨.

6.2　结 束 语

综上所述，关于 $\phi_m(x)$ 系数的猜测，需要根据 m 的不同类型，加上一定的条

件限制才行，这主要是由于 m 是由任意个素数序列组成，而 m 的类型不同所计算出的 $\phi_m(x)$ 也不同，所以猜测应在一定的 m 类型下加上一定的条件限制. 由于计算 $\phi_m(x)$ 需要做大量的多项式除法运算，这给研究其分圆多项式既约因式 $\phi_m(x)$ 系数的性质带来了一定难度. 目前国内外依然采用下面这个定义模型计算 $\phi_m(x)$，定义如下

$$\phi_1(x)=x-1$$

$$\phi_m(x)=\frac{x^m-1}{\prod\limits_{\substack{d\mid m\\ d<m}}\phi_d(x)}$$

$\phi_m(x)$ 是有理数域上幂次为 $\varphi(m)$ 次多项式，其中 $\varphi(m)$ 为欧拉函数.

上述计算 $\phi_m(x)$ 模型有两点不足之处：

(1) 对每个 $\phi_d(x)$ 的计算雷同于求 $\phi_m(x)$ 时所做的递归运算，从而在计算上产生了大量的重复性计算.

(2) $\phi_d(x)$ 一般是无法用解析表达式表示的.

根据上述不足之处，庄凯推出了一种新的计算分圆多项式既约因式 $\phi_m(x)$ 的组合计算模型，由于篇幅有限，这里不做详细说明.

关于分圆多项式的系数

第7章

7.1 引　　言

我们先介绍分圆多项式的定义.设 $n>0$,全体 n 次单位根为

$$\cos\frac{2k\pi}{n}+\mathrm{i}\sin\frac{2k\pi}{n},k=0,1,\cdots,n-1$$

设 $\eta_1,\eta_2,\cdots,\eta_{\varphi(n)}$ 是 $\varphi(n)$ 个 n 次单位原根,其中 $\varphi(n)$ 是欧拉函数,则 $\varphi(n)$ 次多项式

$$F_n(x)=\prod_{i=1}^{\varphi(n)}(x-\eta_i)$$

叫作分圆多项式(关于分圆多项式的定义和下面介绍的性质可参看由柯召、孙琦所著的《数论讲义(下册)》中第七章第三节).由分圆多项式的定义容易得到

$$\prod_{d\mid n}F_d(x)=x^n-1$$

式中 $d\mid n$ 表示 d 通过 n 的全体正因数(包括1和 n 本身).根据麦比乌斯反演公式可得

$$F_n(x)=\prod_{d\mid n}(x^{n/d}-1)^{\mu(d)}$$

其中 $\mu(d)$ 是麦比乌斯函数.若 p,q,r 是不同的素数,则由上式可得

$$F_{pqr}(x)=\frac{(1-x^{pqr})(1-x^p)(1-x^q)(1-x^r)}{(1-x)(1-x^{pq})(1-x^{pr})(1-x^{qr})} \tag{1}$$

关于分圆多项式的系数，1895年A. S. Bang证明了$F_{pq}(x)$的系数（p,q为不同的素数）只能是0或± 1. 1939年，切博塔廖夫提出猜测：任何分圆多项式$F_m(x)$的系数只能是0或± 1. 后来，伊凡诺夫找出一个反例，$F_{105}(x)$的系数不全是0或± 1（x^7和x^{41}的系数都是-2）. 汤健儿在1963年10月发表于《数学通报》的文章中证明了当$m=2^\alpha p^\beta q^\gamma$时，$F_m(x)$的系数只能是0或$\pm 1$；他还猜测：凡不属于上述类型的数$m$，$F_m(x)$的系数不能全是0或$\pm 1$.

庄凯在1991年10月发表于《数学通报》的文章中找出一个反例：$F_{231}(x)$的系数全是0或± 1. 进而他提出下述猜测：

(1) 若$m=3^\alpha p^\beta q^\gamma$，其中素数$p,q$满足条件$3<p<q,q-p=4$，则$F_m(x)$的系数只能是0或$\pm 1$.

(2) 当上述条件不满足时，则$F_m(x)$的系数不能全是0或± 1.

北京师范大学数学系的宣体佐教授于1992年证明了猜想(1)成立. 我们所需结果可由下述的定理及推论给出.

定理7.1 若p,q是素数，且满足条件

$$3<p<q,q-p=4 \tag{2}$$

则$F_{3pq}(x)$的系数只能是0或± 1.

推论7.1 设$m=3^\alpha p^\beta q^\gamma$，其中素数$p,q$满足条件(2)，则$F_m(x)$的系数只能是0或$\pm 1$.

推论7.2 设$m=2^\alpha 3^\beta p^\gamma q^\delta$，其中素数$p,q$满足条件(2)，则$F_m(x)$的系数只能是0或$\pm 1$.

7.2 分圆多项式的性质

在证明定理之前，我们先介绍一下分圆多项式的基本性质（参看柯召、孙琦所著的《数论讲义（下册）》）.

性质1 $F_m(x)$是首项系数为1的整系数多项式，且在有理数域上不可约.

性质2 若p是素数，$p\nmid m$，则$F_{mp^k}(x)=F_{mp}(x^{p^{k-1}})$.

性质3 若$n\geqslant 3,2\nmid n$，则$F_{2n}(x)=F_n(-x)$.

性质4 若$n\geqslant 2$，则$x^{\varphi(n)}F_n\left(\dfrac{1}{x}\right)=F_n(x)$.

性质5 若p,q是不同的素数，则$F_{pq}(x)$的系数只能是0或± 1.

性质6 若$p<q<r$是素数，$F_{pqr}(x)=\sum c_n x^n$，则$|c_n|\leqslant p-1$.（性质5,6还可参看S. M. Beiter于1964年、1968年发表于*Math*. 的文章）.

由此可见，汤健儿于1963年10月发表于《数学通报》的文章中的结果可由

性质 5,3,2 直接推出. 此外,由这些性质和定理 7.1 我们可以直接推出上面的推论 7.1 和 7.2.

7.3　定理 7.1 的证明

首先,我们使用形式幂级数可得

$$1/(1-x^{3p})=\sum_{c=0}^{\infty}x^{3cp},1/(1-x^{3q})=\sum_{d=0}^{\infty}x^{3dq}$$

还有

$$(1-x^{3pq})/(1-x^{pq})=1+x^{pq}+x^{2pq}$$
$$(1-x^{3})/(1-x)=1+x+x^{2}$$

接着,由式(1) 可得

$$F_{3pq}(x)=\sum_{a=0}^{2}\sum_{b=0}^{2}\sum_{c=0}^{\infty}\sum_{d=0}^{\infty}\sum_{\lambda=0}^{1}\sum_{\mu=0}^{1}(-1)^{\lambda+\mu}\cdot x^{apq+b+3cp+3dq+\lambda p+\mu q}$$

若记

$$F_{3pq}(x)=\sum_{n=0}^{\varphi(3pq)}c_n x^n$$

则

$$c_n=\sum_{\lambda=0}^{1}\sum_{\mu=0}^{1}(-1)^{\lambda+\mu}A_n(\lambda,\mu) \tag{3}$$

其中 $A_n(\lambda,\mu)$ 表示对给定的 p,q,n,λ,μ,不定方程

$$apq+b+3cp+3dq+\lambda p+\mu q=n \tag{4}$$

的解的个数(即适合不定方程(4) 的数组(a,b,c,d) 的组数). 最后根据分圆多项式定义,当$n>\varphi(3pq)$ 时

$$c_n=0$$

又根据性质 4,$F_{3pq}(x)$ 的系数有某种对称性,即

$$c_n=c_{\varphi(3pq)-n},n\leqslant\varphi(3pq)$$

因此为了证明这个定理,只需证明当 n 适合

$$n\leqslant\frac{1}{2}\varphi(3pq)=(p-1)(q-1) \tag{5}$$

时,$|c_n|\leqslant 1$.

我们分下述三步证明这个定理.

第一步,证明对给定的$(\lambda,\mu)=(0,0),(0,1),(1,0)$ 或$(1,1)$,每种情形下不定方程(4) 仅有一组解或无解.

因为不定方程(4) 各项非负,故由条件(5) 知

$$a=0$$

而 b,c,d 的取值范围分别是

$$0\leqslant b\leqslant 2,0\leqslant 3c\leqslant q-1,0\leqslant 3d\leqslant p-1 \tag{6}$$

我们使用反证法.假定不定方程(4)对给定的 p,q,n,λ,μ 至少有两组不同解.设其中两组不同解为 (b_i,c_i,d_i),$i=1,2$,则得

$$b_1+3c_1p+3d_1q=b_2+3c_2p+3d_2q \tag{7}$$

由此即得

$$3\mid(b_2-b_1)$$

由式(6)知

$$|b_2-b_1|\leqslant 2$$

于是

$$b_1=b_2$$

这时式(7)变成

$$3(c_1-c_2)p=3(d_2-d_1)$$

于是

$$p\mid d_2-d_1$$

由式(6)知

$$|d_2-d_1|<p$$

故

$$d_1=d_2$$

同理

$$c_1=c_2$$

这同假设矛盾.第一步的结论得证.

第二步,证明 $A_n(0,0)+A_n(1,1)\leqslant 1$.

我们仍使用反证法.假定 $A_n(0,0)+A_n(1,1)=2$,即在 $(\lambda,\mu)=(0,0)$,$(1,1)$ 这两种情形下,不定方程(4)各恰有一组解 (b_i,c_i,d_i),$i=1,2$.则在

$$b_1+3c_1p+3d_1q=b_2+3c_2p+3d_2q+p+q \tag{8}$$

由式(2)可得

$$p\equiv 1(\bmod 3),q\equiv 2(\bmod 3)$$

从而

$$p+q\equiv 0(\bmod 3)$$

对式(8)两边取模3,可得

$$b_1\equiv b_2(\bmod 3)$$

故必有

$$b_1=b_2$$

由式(8) 得

$$p \mid 3(d_2 - d_1) + 1, q \mid 3(c_1 - c_2) - 1$$

由式(6) 有

$$|3d_2 - 3d_1 + 1| < p$$

因而

$$3d_2 - 3d_1 + 1 = 0$$

但这不可能,这个矛盾表明第二步要求的不等式成立.

在进行第三步的证明以前,我们先给出下面的引理.

引理 7.1　设素数 p,q 具有形式 $p = 12k + 1, q = 12k + 5$,则不定方程 $px + qy = n (n \neq 0)$ 的一般解为

$$x = (3k + 1)n - qt, y = -3kn + pt, t = 0, \pm 1, \pm 2, \cdots$$

证明　直接代入原方程验证即得.

第三步,证明定理的结论,即 $F_{3pq}(x)$ 的系数只能是 0 或 ± 1.

若 $A_n(0,1) + A_n(1,0) \leqslant 1$,则由式(3) 和第一、二步的结果可知,$|c_n| \leqslant 1$ 成立. 因此仅需再考虑

$$A_n(0,1) + A_n(1,0) = 2 \tag{9}$$

的情形. 这时如能证明

$$A_n(0,0) + A_n(1,1) = 1 \tag{10}$$

成立就行了(注意仅考虑 n 适合条件(5) 的情形).

在证明式(10) 之前,我们先指出,适合式(2) 的 p,q 必属于下列情形之一:

(i) $p = 12k + 1, q = 12k + 5$.

(ii) $p = 12k + 7, q = 12k + 11$.

由式(9) 知,存在 $(b_i, c_i, d_i) i = 1,2$,使得

$$b_1 + 3c_1 p + 3d_1 q + p = n \tag{11}$$

和

$$b_2 + 3c_2 p + 3d_2 q + q = n \tag{12}$$

由式(11)(12)(2) 可得

$$b_1 + 3c_1 p + 3d_1 q = b_2 + 3c_2 p + 3d_2 q + 4$$

由此式两边取模 3 可知,只能出现 $(b_1, b_2) = (2,1), (1,0), (0,2)$ 三种情形.

现在我们用反证法证明式(10) 成立. 假定式(10) 不成立,则由第二步结果可知,必有

$$A_n(0,0) = A_n(1,1) = 0$$

即不定方程

$$b + 3cp + 3dq + p + q = n \tag{13}$$

和

$$b + 3cp + 3dq = n \tag{14}$$

在范围(6) 内都无解. 由式(11) －(14) 和式(13) －(12) 分别得到

$$(b_1 - b) + (3c_1 - 3c)p + (3d_1 - 3d)q + p = 0 \tag{15}$$

$$(b - b_2) + (3c - 3c_2)p + (3d - 3d_2)q + p = 0 \tag{16}$$

由反证法假设,这两个方程在范围(6) 内都无解.

首先考虑$(b_1, b_2) = (2, 1)$的情形. 利用式(2) 和 $p = 12k + 1$,从式(16) 可得(取 $b = 0$)

$$(c - c_2 + d - d_2)p + 4(d - d_2 + k) = 0$$

显然 $p \mid d - d_2 + k$ 及 $\mid d - d_2 + k \mid < p$,故

$$d - d_2 + k = 0$$

于是得到式(16) 的一组解

$$b = 0, c = c_2 + k, d = d_2 - k$$

为了证明这组解适合范围(6) 只需证明 $d_2 > k$. 由式(12) 和引理 7.1,经过较长的计算可得 $d_2 > k$ 成立. 因而我们得到了方程(16) 在范围(6) 内的一组解. 这同假设矛盾,故证明了式(10) 成立.

接着考虑$(b_1, b_2) = (1, 0)$的情形. 我们可用类似的方法证明式(15) 在范围(6) 内有解,从而导出矛盾.

最后考虑$(b_1, b_2) = (0, 2)$的情形. 用类似方法可以证明式(15) 和(16) 在范围(6) 内都有解,从而同反证法假设矛盾(注意这同第二步的结果并不矛盾,因为这时必有 $n > \varphi(3pq)$).

对于情形(ii),证法完全类似. 于是定理 7.1 得证.

7.4 结束语

最后,我们指出庄凯 1991 年 10 月发表在《数学通报》上的文章中提出的猜测 2 不成立. 我们仅需举出一个反例即可. 设 $m = 3 \times 7 \times 23$,利用式(3)(4) 可以验证,$F_m(x)$ 的系数只能取 0 或 ± 1(只需对 $1 \leqslant n \leqslant 132$ 验证). 由此我们提出下述猜测:

若 $m = 3pq$,且素数 p, q 满足条件 $3 < p < q$ 和 $q - p = 2^{2k}(k \geqslant 1)$,则 $F_m(x)$ 的系数只能是 0 或 ± 1(由于 $F_{195}(x)$ 中 x^{44} 的系数是 -2,因此我们排除了 $q - p = 8$ 的情形).

这个猜测是否成立,留给有兴趣的读者去钻研.

Q 上分圆多项式的系数猜测及机器计算

第8章

《数学通报》曾刊登过多篇有关分圆多项式 $\phi_m(x)$ 的讨论，其中主要论及了 $\phi_m(x)$ 的计算①和系数性质②③④. 河南省登封市教师进修学校的常红斌教授于1996年实现了对 $\phi_m(x)$ 的机器算法，通过验算进而部分否定了《关于分圆多项式既约因式 $\phi_m(x)$ 系数性质的猜测》(庄凯《数学通报》1991年10月）中的猜测.

8.1 猜　　测

1939年苏联代数学家切博塔廖夫首先提出：

猜测1　对任意自然数 m，分圆多项式 $\phi_m(x)$ 的系数只能是0或 ± 1.

为行文方便，当且仅当 $\phi_m(x)$ 各系数为0或 ± 1 时称 m 为切博塔廖夫型数. 则上述猜测1等价于：所有自然数皆为切博塔廖夫数. 但不久有人举出反例 $\phi_{3\times5\times7}(x)$ 否定了上述猜测，亦即105并非切博塔廖夫数. 1963年及1987年汤健儿先生载文证明了 $2^\alpha p^\beta q^\gamma$ (p,q 为素数，α,β,γ 为非负整数下同）为切博塔廖夫数. 之后庄凯又撰文提出：

猜测2　若 p,q,α,β,γ 意义同上，则有：

(i) 当 $q=p+4$ 时，$3^\alpha p^\beta q^\gamma$ 为切博塔廖夫数.

---

① 卫东舟. $x^n\pm 1$ 在 **Q** 上的因式分解[J]. 数学通报，1988，11.

② 庄凯. 关于分圆多项式既约因式 $\phi_m(x)$ 系数性质的猜测[J]. 数学通报，1991，10.

③ 汤健儿. 分圆多项式系数的性质[J]. 数学通报，1987，10.

④ 汤健儿. 对《关于分圆多项式既约因子性质一文》的意见[J]. 数学通报，1963，10.

(ii) 凡不满足(i) 中条件之数 m 皆非切博塔廖夫数.

综上所述,至目前见诸发表的结果有:

1. 已证 $2^{\alpha}p^{\beta}q^{\gamma}$ 为切博塔廖夫数.

2. 猜测 $3^{\alpha}p^{\beta}(p+4)^{\gamma}$ 也为切博塔廖夫数(p,$p+4$ 为素数)且凡不可表示为上述两种形式的数皆为非切博塔廖夫数.

依据《$x^n\pm 1$ 在 $\mathbf{Q}$ 上的因式分解》(卫东舟,《数学通报》1988 年 11 月)中的算法思想,常红斌教授应用Basic语言在微机上实现了 $\phi_m(x)$ 计算. 通过验算发现,如 $105=3\times 5\times 7$,$399=3\times 7\times 19$ 等皆不可表示为上述两种形式,但它们也为切博塔廖夫型数,从而否定了猜测 2 之(ii) 部分.

8.2 算　　法

理论上,$\phi_m(x)$ 的定义常由下述公式递归给出,即

$$\phi_m(x)=\begin{cases}x-1, m=1\text{ 时}\\ \dfrac{x^m-1}{\prod\limits_{\substack{d\mid m\\ d<m}}\phi_d(x)}, m>1\text{ 时}\end{cases}\tag{1}$$

其中 $\phi_m(x)$ 的次数 $\partial(\phi_m(x))=\varphi(m)$ 为欧拉函数.

当然,式(1) 也不失为一种计算 $\phi_m(x)$ 的方法. 但显见此法重复计算较多,计算量大,故不可取. 其实,1988 年卫东舟就提出了一个很好的算法思想[①],作为本章之引理,我们不加证明地引入进来:

引理 8.1 设 α_i 为自然数,p_i 为素数且 $i\neq j$ 时 $p_i\neq p_j$,若 $m=\prod\limits_{i=1}^{h}p_i^{\alpha_i}$,$m_0=\prod\limits_{i=1}^{h}p_i$,则有

$$\phi_m(x)=\phi_{m_0}(x^{\frac{m}{m_0}})\tag{2}$$

由式(2) 知,计算 $\phi_m(x)$ 的问题可归结为求 $\phi_{m_0}(x)$. 又因 $\phi_m(x)$ 与 $\phi_{m_0}(x)$ 的系数集相同,从而 m 为切博塔廖夫数也等价于 m_0 为切博塔廖夫数. 故以下仅讨论 $\phi_{m_0}(x)$ 的计算. 今有下述命题:

命题 8.1[②] m_0 及其他符号意义同上,又设 $m'=\dfrac{m_0}{p_h}$,则

---

① 卫东舟. $x^n\pm 1$ 在 $\mathbf{Q}$ 上的因式分解[J]. 数学通报,1988,11.

② Thomos W. Hungerforford Algebra. 301.

$$\phi_{m_0}(x)=\frac{\phi_{m'}(x^{\frac{m_0}{m'}})}{\phi_{m'}(x)} \tag{3}$$

以上命题也有许多证明，本文不再赘述，仅举下例：

例　求 $\phi_{21\times11}(x)$.

解　可先求出 $\phi_{21}(x)$，而欲求 $\phi_{21}(x)$ 可先求出 $\phi_3(x)$，显然

$$\phi_3(x)=1+x+x^2$$

故

$$\phi_{3\times7}(x)=\frac{\phi_3(x^7)}{\phi_3(x)} \tag{4}$$

$$\phi_{3\times7\times11}(x)=\frac{\phi_{3\times7}(x^{11})}{\phi_{3\times7}(x)} \tag{5}$$

将式(4) 代入式(5) 得 $\phi_{21\times11}(x)$.

以上算法的每步计算无非重复了下列三个运算过程：

① 确定多项式 $A(x)=\phi_{m'}(x)$.

② 代换得新多项式 $B(x)=\phi_{m'}(x^{ph})$.

③ 求商多项式 $C(x)=\phi_{m_0}(x)=\dfrac{B(x)}{A(x)}$.

故极易在计算机上实现，且该算法明显优于定义中的式(1).

8.3　结 束 语

以上述算法为依据，常红斌教授用 Basic 语言编程在 IBM－pC－XT 微机上实现了 $\phi_{m_0}(x)$ 的计算，计算结果详见表 8.1. 由计算可知，切博塔廖夫数集的结构是十分复杂的，对 $15p$，$21p$(p 为 1 000 之内的素数) 两种数型来说，似乎有如下规律：

(1)$p=30k\pm1$ 时，$15p$ 是切博塔廖夫数，否则不是切博塔廖夫数；

(2) 当 p 可表示为 $42k\pm1$，$21(2k-1)\pm2$ 或 $21k\pm10$ 等三种形式之一时，$21p$ 是切博塔廖夫数，否则不是切博塔廖夫数.

因受机器内存限制，本章仅对 1 000 之内的素数 p 加以计算，初步得出上述观点.

表 8.1

p	$\kappa(150)$	$\kappa(21p)$	p	$kappa(15p)$	$\kappa(21p)$	p	$\kappa(150)$	$kappa(21p)$	p	$\kappa(15p)$
7	0	1	193	0	0	433	0	0	683	0
11	0	1	197	0	0	439	0	1	691	1
13	0	0	199	0	1	433	0	1	701	1
17	0	0	211	1	1	449	1	0	709	0
19	0	1	223	0	0	457	0	0	719	1
23	0	1	227	0	0	461	0	1	727	0
29	1	0	229	0	1	463	0	1	733	0
31	1	1	233	0	1	467	0	0	739	0
37	0	0	239	1	0	479	1	0	743	0
41	0	1	241	1	1	487	0	0	751	1
43	0	1	251	0	1	491	0	0	757	0
47	0	0	257	0	0	499	0	0	769	0
53	0	1	263	0	1	503	0	1	773	0
59	1	0	269	1	0	509	1	0	773	0
61	1	1	271	1	1	521	0	0	787	0
67	0	0	277	0	0	523	0	1	797	0
71	0	0	281	0	0	541	1	0	809	1
73	0	1	283	0	1	547	0	1	811	1
79	0	0	293	0	1	557	0	1	821	0
83	0	1	307	0	0	563	0	0	823	0
89	1	0	311	0	0	569	1	1	827	0
97	0	0	313	0	1	571	1	0	829	0
101	0	0	317	0	1	577	0	1	839	1
103	0	1	331	1	0	587	0	1	853	0
107	0	1	337	0	1	593	0	0	857	0
109	0	0	347	0	1	599	1	1	889	0
113	0	0	349	0	1	601	1	0	863	0
127	0	1	353	0	0	607	0	1	877	0
131	0	0	359	1	1	613	0	0	881	0
137	0	1	367	0	1	617	0	0	883	0

续表 8.1

p	$\kappa(150)$	$\kappa(21p)$	p	$kappa(15p)$	$\kappa(21p)$	p	$\kappa(150)$	$kappa(21p)$	p	$\kappa(15p)$
139	0	0	373	0	0	619	0	1	887	0
149	1	1	379	0	1	631	1		907	0
151	1	0	383	0	0	641	0		911	0
157	0	1	389	1	1	643	0		919	0
163	0	0	397	0	1	647	0		929	1
167	0	1	401	0	1	653	0		937	0
173	0	0	419	0	1	659	1		941	0
179	1	1	419	1	1	661	1			
181	1	0	421	1	1	673	0			
191	0	1	431	0	1	677	0			

(其中 m 为切博塔廖夫数，当且仅当 $\kappa(m)=1$.)

一类分圆多项式的系数

第9章

苏联代数学家切博塔廖夫曾在1938年提出要弄清楚分圆多项式 $F_n(x)$ 系数间的关系，但是到目前为止，除当 n 为素数幂或2个素数幂的乘积时，$F_n(x)$ 系数的绝对值不超过1之外，已知其他的关于分圆多项式系数的性质仍然很少[①②③]. 有一些关于分圆多项式系数的结果和猜测在提出后不久，就有人给出了反例[④⑤⑥]. 我们知道，当 $p<q<r, p,q,r$ 都为奇素数，$n=p^{\alpha}q^{\beta}r^{\gamma}$ 时，分圆多项式 $F_n(x)$ 的系数绝对值的一个上限为 $p-1$. 特别地，当 $p=3$ 时，分圆多项式 $F_{3qr}(x)$ 的非零系数只能是 $2,-2,1,-1$. 我们在研究分圆多项式 $F_{3qr}(x)$ 的系数时发现：当 $3<q<r, q, r$ 是素数时，2与 -2 不会同时出现在一个分圆多项式 $F_{3qr}(x)$ 的系数中；当 $r-q\equiv 0(\bmod 3)$ 时，$F_{3qr}(x)$ 的系数中没有 -2 出现；当 $r+q\equiv 0(\bmod 3)$ 时，$F_{3qr}(x)$ 的系数中没有2出现. 中南大学数学科学与计算技术学院的陈小松教授于2005年对以上发现的结果给出了完整的证明.

由《代数学(I)》(范・德・瓦尔登，科学出版社，1963年) 知

$$x_n-1=\prod_{d\mid n}F_d(x)$$

---

① 陈小松. 分圆多项式系数的上限[J]. 湘潭大学学报，2002，24(3)：13-19.

② 任德斌，孙琦. 关于分圆多项式的 Schinzel 等式[J]. 数学学报，2002，45(1)：187-190.

③ 陈晓霞，陈小松. x^n-1 在有理数域上分解式的系数[J]. 数学理论与应用，2002，22(2)：113-115.

④ 欧阳维诚. 分圆多项式的系数[J]. 湖南数学年刊，1981，2(1)：10-20.

⑤ 常红斌. Q 上分圆多项式的系数猜测及机器证明[J]. 数学的实践与认识，1996，26(3)：278-280.

⑥ 陈贻泽. 关于"分圆多项式的系数"[J]. 湖南数学年刊，1982，1(2)：144.

这里 $F_d(x)$ 是有理数域内 $\varphi(d)$ 次既约倒数多项式，$\varphi(d)$ 表示 d 的欧拉函数，$\prod_{d|n} F_d(x)$ 表示 d 遍取 n 的所有正因数的乘积. 因此对 x^n-1 在有理数域素因式系数的研究归结为对分圆多项式的系数的研究，进一步可归结为对 d 为不同奇素数乘积的分圆多项式的研究. 设 $p_1,p_2,\cdots,p_k$ 是奇素数，$p_1<p_2<\cdots<p_k$，由《高等代数习题集》(法捷耶夫，索明斯基，商务印刷馆，1953 年)，有

$$F_{p_1\cdots p_k}(x)=F_{p_1\cdots p_{k-1}}(x^{p_k})/F_{p_1\cdots p_{k-1}}(x)$$

可从《分圆多项式系数的上限》(陈小松，湘潭大学学报，2002，24(3)) 中得到下面的引理 9.1，且下面的证明更加清楚.

引理 9.1　设 p,q 为奇素数，$p<q$，$F_{pq}(x)=\sum_{j=0}^{s}a_jx^{s-j}$，其中 $s=\varphi(pq)=(p-1)(q-1)$，则其系数向量 $(a_0,a_1,\cdots,a_s)$ 的前 $\frac{s}{2}+1$ 个分量作成的向量 $(a_0,a_1,\cdots,a_{\frac{s}{2}})$ 可由 $\frac{s}{1}+1$ 维向量 $\mathbf{A}_i=(0\cdots01-10\cdots01-10\cdots0\cdots)$ 作为第 i 个行向量构成的 $\frac{s}{2}+1$ 列矩阵 $\mathbf{A}$ 的各行向量求和得出，$i=1,2,\cdots,\frac{p-1}{2}$. $\mathbf{A}_i$ 的前 $(i-1)q$ 个数全为零，其余分量以 p 个数 $1-10\cdots0$ 为循环节循环. 我们把矩阵 $\mathbf{A}$ 叫作 $F_{pq}(x)$ 的系数矩阵.

证明　由前文提到的《高等代数习题集》，有

$$F_p(x^q)=F_p(x)F_{pq}(x)$$

即

$$\sum_{i=1}^{p}x^{(p-i)q}=F_p(x)F_{pq}(x)$$

令

$$x^{(p-i)q}=F_q(x)q_i(x)+r_i(x),\ i=1,2,\cdots,p$$

这里 $q_i(x)$，$r_i(x)$ 分别是由带余除法所得的商多项式和余数多项式，则

$$\sum_{i=1}^{p}x^{(p-i)q}=F_p(x)\sum_{i=1}^{p}q_i(x)+\sum_{i=1}^{p}r_i(x)$$

所以

$$F_{pq}(x)=\sum_{i=1}^{p}q_i(x),\ \sum_{i=1}^{p}r_i(x)=0$$

$q_i(x)$ 的系数规律可用带余除法求出，即

$$\begin{array}{r|l}
 & 1\ {-1}\ 0\cdots 0\ 1\ {-1}\ 0\cdots 0 \\
\hline
\underbrace{1\ 1\cdots 1}_{p} & 1\ \underbrace{0\cdots 0\ \ 0\ 0\cdots 0\ 0\ \ 0\ 0\cdots 0}_{(p-i)q\text{ 个 }0} \\
 & 1\ 1\cdots 1 \\
\hline
 & {-1}\ \cdots\ {-1} \\
 & {-1}\ \cdots\ {-1}\ {-1} \\
\hline
 & \qquad\quad 1
\end{array}$$

由 $F_{pq}(x)=\sum\limits_{j=0}^{s}a_j s^{s-j}$，其中 $s=\varphi(pq)=(p-1)(q-1)$，$q_i(x)$ 的次数为 $(p-i)q-(p-1)=s-(i-1)q$，因此

$$q_i(x)=0x^s+0x^{s-1}+\cdots+0x^{s-(i-1)q+1}+x^{s-(i-1)q}-x^{s-(i-1)q-1}+\cdots$$

所以 $q_i(x)$ 的系数向量 $\boldsymbol{Q}_i=(\underbrace{0\cdots0}_{(i-1)q\text{个}}\ \ \underbrace{1-1\ 0\ \cdots\ 0}_{p\text{个}}\ \ \underbrace{1-1\ 0\cdots0}_{p\text{个}}\cdots)$ 是 $s+1$ 维向量，因为 $F_{pq}(x)$ 为倒数多项式，所以有

$$a_{s-j}=a_j,j=0,1,2,\cdots,\frac{s}{2}$$

故取 $\boldsymbol{Q}_i$ 的前 $\frac{s}{2}+1$ 个分量作成的向量记为 $\boldsymbol{A}_i$，再以 $\boldsymbol{A}_i$ 作为第 i 个行向量构成 $\frac{s}{2}+1$ 列矩阵 $\boldsymbol{A}$，$\boldsymbol{A}$ 的各行向量的和 $=(a_0,a_1,\cdots,a_{\frac{s}{2}})$. 又因为

$$\frac{\frac{1}{2}(p-1)(q-1)+1}{q}=\frac{p-1}{2}-\frac{p-3}{2q}$$

且

$$0\leqslant\frac{p-3}{2q}<1$$

所以 $\boldsymbol{A}$ 的行数 $=\frac{p-1}{2}$. 证毕.

我们还可得到下面的引理 9.2.

引理 9.2 设 $p<q<r$ 为奇素数，$p<q<r$，$F_{pqr}(x)=\sum\limits_{j=0}^{t}b_jx^{t-j}$，其中 $t=\varphi(pqr)=(p-1)(q-1)(r-1)$，则其系数向量 $(b_0,b_1,\cdots,b_t)$ 的前 $\frac{t}{2}+1$ 个分量作成的向量 $(b_0,b_1,\cdots,b_{\frac{t}{2}})$，可由 $\frac{t}{2}+1$ 维向量 $\boldsymbol{B}_i=a_{i-1}(0\cdots0\ 1\cdots1\ 0\cdots0\ -1\cdots-1\ 0\cdots0\cdots)$，作为第 i 个行向量构成 $\frac{t}{2}+1$ 列矩阵 $\boldsymbol{B}$ 的各行向量求和得出.

$\boldsymbol{B}_i$ 中的 a_{i-1} 为引理 9.1 中矩阵 $\boldsymbol{A}$ 的第 i 列各数的和，它的前 $(i-1)r$ 个分量全为 0，$\boldsymbol{B}_i/a_{i-1}$ 的其余分量以 pq 个数为循环节循环，循环节由 p 个 1，$q-p$ 个 0，p 个

$-1, pq-(p+q)$ 个 0 组成. $\boldsymbol{B}$ 的行数 $\leqslant \frac{1}{2}(p-1)(q-1) <$ $\boldsymbol{A}$ 的列数. 我们把矩阵 $\boldsymbol{B}$ 叫作 $F_{pqr}(x)$ 的系数矩阵.

引理 9.3[①]　设 $F_{3qr}(x)$ 的系数矩阵为 $\boldsymbol{B}$. 若 $q\equiv 1 \pmod 6$，则 $\boldsymbol{B}$ 的行数 $= q-2$；若 $q\equiv -1 \pmod 6$，则 $\boldsymbol{B}$ 的行数 $=q-1$.

引理 9.4[②]　$F_{pqr}(x)$ 的各系数绝对值不大于 $p-1$，从而当 $n=p^{\alpha}q^{\beta}r^{\gamma}$ 时，$F_n(x)$ 的各系数绝对值也不大于 $p-1$.

引理 9.5　若 $r\equiv \pm 1 \pmod{6q}$，则 $F_{3qr}(x)$ 的系数的绝对值不大于 1.

引理 9.6　(1) 若 $F_{3qr}(x)$ 的系数矩阵 $\boldsymbol{B}$ 的第 j,k 行满足 $j\equiv k\not\equiv 0 \pmod 3$，则 $\boldsymbol{B}$ 的 j 行中的 1 与 k 行中的 1 不同列，j 行的 -1 与 k 行中的 -1 不同列.

(2) 若 $F_{3qr}(x)$ 的系数矩阵 $\boldsymbol{B}$ 的一列中，不会出现 3 个或多于 3 个相同的非零数. 因而 $F_{3qr}(x)$ 的各系数的绝对值不大于 2.

证明　(1) 由引理 2，$\boldsymbol{B}$ 的第 i 个行向量为

$$\boldsymbol{B}_i = a_{i-1}(\underbrace{0 \cdots 0}_{(i-1)r个}\quad \underbrace{1\ 1\ 1\ 0 \cdots 0}_{q个}\quad \underbrace{-1\ -1\ -1\ 0 \cdots 0}_{q个}\quad \underbrace{0 \cdots 0 \cdots}_{q个})$$

当 $a_{i-1}\neq 0$ 时，$\boldsymbol{B}_i/a_{i-1}$ 的前 $(i-1)r$ 个分量全为 0，后面以 $3q$ 个数为循环节循环. 因为 $p=3$，$\boldsymbol{A}$ 的行数为 $\frac{p-1}{2}$，因此 a_{i-1} 就是 $\boldsymbol{A}=(1\ -1\ 0\ 1\ -1\ 0\ 1\ -1\ 0\ \cdots)$ 的第 i 个分量，$i=1,2,\cdots,q$.

由于 $\boldsymbol{B}$ 的行数 $<$ $\boldsymbol{A}$ 的列数. 故当 $i\equiv 1 \pmod 3$ 时，$a_{i-1}=1$；当 $i\equiv -1 \pmod 3$ 时，$a_{i-1}=-1$；当 $i\equiv 0 \pmod 3$ 时，$a_{i-1}=0$. 因此当 $j\equiv k\not\equiv 0 \pmod 3$ 时，$a_{j-1}=a_{k-1}\neq 0$. 于是，若矩阵 $\boldsymbol{B}$ 的第 j,k 行满足 $j\equiv k\equiv 0 \pmod 3$，则 $\boldsymbol{B}$ 的 j 行中的 1 与 k 行中的 1 不同列；j 行中的 -1 与 k 行中的 -1 不同列.

(2) 若 $F_{3qr}(x)$ 的系数矩阵 $\boldsymbol{B}$ 的一列中，有 3 个相同的非零数，由 (1) 知必有 2 个对模 3 不同余，因而 $F_{3qr}(x)$ 的各系数的绝对值不大于 2. 证毕.

定理 9.1　设 q,r 为奇素数，$3<q<r$，若 2 在 $F_{3qr}(x)$ 的系数中出现，则 $qr\equiv 1 \pmod 3$；若 -2 在 $F_{3qr}(x)$ 的系数中出现，则 $qr\equiv -1 \pmod 3$. 因此 $F_{3qr}(x)$ 的系数中 2 与 -2 不会同时出现.

证明　若 2 在 $F_{3qr}(x)$ 的系数中出现，则不外乎是 $\boldsymbol{B}$ 的 $3j+1$ 行中的 1 与 $3k+2$ 行中的 1 同列，则可知 $\boldsymbol{B}$ 的 2 个对模 3 同余的非零行中 1 都不同列，此时必有正整数 u,v 和 $s,t\in\{1,2,3\}$，$s\neq t$，使得 $3jr+3uq+s=(3k+1)r+(3v+1)q+t$，由此可得

---

① 陈晓霞，陈小松. x^n-1 在有理数域上分解式的系数[J]. 数学理论与应用，2002，22(2)：113-115.

② 陈小松. 分圆多项式系数的上限[J]. 湘潭大学学报，2002，24(3)：13-19.

$$q+r\equiv s-t \pmod 3$$

两边平方,得

$$(q+r)^2\equiv 1 \pmod 3$$

$$r^2+q^2+2qr\equiv 1 \pmod 3$$

因此

$$qr\equiv 1 \pmod 3$$

若 -2 在 $F_{3qr}(x)$ 的系数中出现,则不外乎是 $\boldsymbol{B}$ 的 $3j+1$ 行中的 -1 与 $3k+2$ 中的 -1 同列,此时必有正整数 u,v 和 $s,t\in\{1,2,3\},s\neq t$,使得 $3jr+(3u+1)q+s=(3k+1)r+3vq+t$,由此可得

$$r-q\equiv s-t \pmod 3$$

两边平方,得

$$(q-r)^2\equiv 1 \pmod 3$$

$$r^2+q^2-2qr\equiv 1 \pmod 3$$

因此

$$qr\equiv -1 \pmod 3$$

因为 $qr\equiv 1 \pmod 3$ 和 $qr\equiv -1 \pmod 3$ 不能同时成立,所以 $F_{3qr}(x)$ 的系数中 2 与 -2 不会同时出现. 证毕.

定理 9.2 在 $F_{3qr}(x)$ 的系数中,最多有 3 个不同的非零数,且这 3 个数只可能是 $1,-1,2$ 或 $1,-1,-2$. 当 $r-q\equiv 0 \pmod 3$ 时,$F_{3qr}(x)$ 的系数中没有 -2 出现;当 $r+q\equiv 0 \pmod 3$ 时,$F_{3qr}(x)$ 的系数中没有 2 出现.

证明 由引理 9.4 及定理 9.1,$F_{3qr}(x)$ 的系数中 3 个非零数只可能是 $1,-1,2$ 或 $1,-1,-2$.

若 $r\equiv q \pmod 3$,$qr\equiv r^2\equiv 1 \pmod 3$,则由定理 9.1 及定理 9.1 的证明知,$-2$ 在 $F_{3qr}(x)$ 的系数中不能出现,否则与 $qr\equiv -1 \pmod 3$ 矛盾;若 $r\equiv -q \pmod 3$,$qr\equiv -r^2\equiv -1 \pmod 3$,则由定理 9.1 及定理 9.1 的证明知,$-2$ 在 $F_{3qr}(x)$ 的系数中不能出现,否则与 $qr\equiv 1 \pmod 3$ 矛盾. 证毕.

下面我们提出几个有待进一步探讨的问题.

(1) 我们猜测:若 $r+r'\equiv 0 \pmod{6q}$ 且 2 在 $F_{3qr}(x)$ 的系数中出现,则 -2 在 $F_{3qr'}(x)$ 的系数中出现. 对于 $q=5,7,11$,我们可以证明这一猜测是正确的.

(2) 从引理 9.5 知,若 $r\equiv \pm 1 \pmod{6q}$,则 $F_{3qr}(x)$ 的系数的绝对值不大于 1. 反过来,若 $F_{3qr}(x)$ 的系数的绝对值不大于 1,则是否一定有 $r\equiv \pm 1 \pmod{6q}$ 呢? 对于 $q=5,7,11$,文《x^n-1 在有理数域上分解式的系数》(陈晓霞,陈小松,数学理论与应用,2002,22(2)) 中已给出肯定的证明. 对于一般的情况,即 $r\equiv \pm 1 \pmod{2pq}$ 是否为 $F_{pqr}(x)$ 的系数的绝对值不大于 1 的充要条件呢? 留给读者思考.

三阶分圆多项式的系数

第10章

南京师范大学数学系的硕士研究生黄立君2012年在其指导教师纪春岗教授的指导下完成了题为《三阶分圆多项式的系数》的硕士学位论文.在这篇论文中他给出:

设 n 为正整数,n 次分圆多项式 $\Phi_n(x)$ 定义如下

$$\Phi_n(x)=\prod_{\substack{1\leqslant j\leqslant n\\(j,n)=1}}(x-\mathrm{e}^{\frac{2\pi ij}{n}})=\sum_{i=0}^{\varphi(n)}a_ix^i$$

其中 $\varphi(n)$ 是欧拉函数.

令 $A(n)$ 为分圆多项式 $\Phi_n(x)$ 中系数绝对值的最大值,即

$$A(n)=\max\{|a_i||0\leqslant i\leqslant\varphi(n)\}$$

若 $A(n)=1$,则称 $\Phi_n(x)$ 是平坦的.

分圆多项式的阶定义为 n 的不同奇素数因子的个数.

关于分圆多项式系数的界,早在1946年,厄多斯(Erdös,1913—)[①]就给出了这样一个结论:对每个正整数 k,存在无数个 n 使得 $A(n)>n^k$.而多数结果考虑的都是低阶分圆多项式.

对于 $n=pq$,其中 $p<q$ 为奇素数.

1883年,A. Migotti[②]证明了 $A(pq)=1$.

① P. Erdös. On the coefficients of the cyclotomic polynomial. Bull. Amer. Math. Soc. 52(1946),179-184.

② A. Migotti. Zur Theorie der Kreisteillungsgleichung. S. B der Math. Naturwiss. Classe der Kaiserlichen Akademie der Wissenschaften, Wien, 87(1883),7-14.

1966年,L. Carlitz[①]计算出了 $\Phi_{pq}(x)$ 的系数为1的项的个数.

1996年,Lam和Leung[②]用简捷的方法给出了 $\Phi_{pq}(x)$ 的系数的具体表达式,从而确定了其系数的具体取值.

对于 $n=pqr$,其中 $p<q<r$ 为奇素数的情况:

1895年,Bang[③]得到了一个经典的结论:$A(pqr)\leqslant p-1$.

1968年,Beiter[④]加了一个条件:q 或 r 是 $kp\pm1$,则有 $A(pqr)\leqslant(p+1)/2$.

1971年,Beiter[⑤]改进了上述结论,得到:$A(pqr)\leqslant p-[p/4]$,并提出猜想:$A(pqr)\leqslant(p+1)/2$,同时证明了此猜想对于 $p=3$,$p=5$ 成立.

2009年,Y. Gallot和P. Moree[⑥]给出证明:对任意素数 $p\geqslant11$,该猜想不成立.另外,给出修正的Beiter猜想:设 $p<q<r$ 为奇素数,令 $M(p)=\max\{A(pqr)\mid p<q<r\}$,则 $M(p)\leqslant2p/3$.

2010年,J. Zhao和X. K. Zhang[⑦]对该猜想进行了证明,并给出 $p=7$ 时,$M(7)=4$ 的结论,即 $A(7qr)\leqslant(p+1)/2$.

2003年,G. Bachman[⑧]给出了三阶分圆多项式 $\Phi_{pqr}(x)$ 的系数 $a_{pqr}(m)$ 的具体表达公式,为研究三阶分圆多项式系数问题提供了很好的计算工具.并给出了如下结论:

令 q^*,r^*,$0<q^*$,$r^*<p$ 分别为 q,r 模 p 的逆元,设 $a=\min(q^*,r^*,p-q^*,p-r^*)$ 且 b 满足同余方程 $abqr\equiv1\pmod{p}$,则

---

① L. Carlitz. The number of terms in the cyclotomic polynomial $F_{pq}(x)$. Amer. Math. Monthly, 73(1966),979-981.

② T. Y. Lam and K. H. Leung. On the cyclotomic polynomial $\Phi_{pq}(x)$. Amer. Math. Monthly 103(1996),no. 7,562-564.

③ Chun-Gang Ji. A special family of cyclotomic polynomials of order three. Science China Math, 2010, 53 (9):2269-2274.

④ Y. Gallot, P. Moree, H. Hommersom. Value distribution of cyclotomic polynomial coefficients. arXiv:0803. 2483v1.

⑤ Y. Gallot, P. Moree. Neighboring ternary cyclotomic coefficients differ by at most one. J. Ramanujan Math. Soc. 24(2009),no. 3,235-248.

⑥ Y. Gallot, P. Moree. Ternary cyclotomic polynomials having a large coefficient. J. Reine Angew. Math. 632(2009),105-125.

⑦ J. Zhao and X. K. Zhang. Coefficients of ternary cyclotomic polynomial. J. Number Theory 130(2010),2223-2237.

⑧ G. Bachman. On the coefficients of ternary cyclotomic polynomials. J. Number Theory 100(2003),104-116.

$$a_i \leqslant \min\left(\frac{p-1}{2}+a, p-b\right)$$

且

$$-a_i \leqslant \min\left(\frac{p-1}{2}+a, b\right)$$

通过对分圆多项式 $\Phi_{pqr}(x)$ 的深入研究，2004 年，G. Bachman[①] 改进了上述结论，得到如下定理：

对于每个奇素数 p，存在无穷多个分圆多项式 $\Phi_{pqr}(x)$ 使得

$$-\frac{p-1}{2} \leqslant a_i \leqslant \frac{p+1}{2}$$

或者

$$-\frac{p+1}{2} \leqslant a_i \leqslant \frac{p-1}{2}$$

对于 $n=pqrs$，其中 $p<q<r<s$ 为奇素数的情况：

1968 年，D. M. Bloom[②] 证明了：$A(pgrs)<p(p-1)(pq-1)$.

随着阶数越来越高，人们发现研究的难度越来越大.

2009 年，P. Moree[③] 着手研究逆分圆多项式 $\Psi_n(x)$：$\Psi_n(x)=(x^n-1)/\Phi_n(x)=\sum_{k=0}^{n-\varphi(n)} c_n(k)x^k$. 令 $C(n)=\max\{|c_n(k)| \mid 0 \leqslant k \leqslant n-\varphi(n)\}$，得到如下结论：$C_p=1, C_{pq}=1, C_{pqr} \leqslant p-1$.

而平坦分圆多项式是一种具有特殊性质的分圆多项式，即多项式的系数的绝对值等于 1. 近年来，很多学者开始关注平坦分圆多项式方面的研究课题. 对于 $n<105$，分圆多项式 $\Phi_n(x)$ 是平坦的. 当 $n=pq$ 时，$\Phi_n(x)$ 是平坦的. 曾经有人猜想对于任意的 n，$\Phi_n(x)$ 都是平坦的，但是发现 $A(105)=2$：$a_{105}(7)=-2$. 事实上，Schur 提出：当 $n=p_1p_2\cdots p_t$，t 是不小于 3 的奇数，$p_1<p_2<\cdots<p_t$ 均是奇素数，并满足 $p_t<p_1+p_2$ 时，分圆多项式 $\Phi_n(x)$ 中 x^{p_t} 的系数是$1-t$.

2006 年，G. Bachman[④] 证明了：当 $n=pqr$ 时，存在无穷多个分圆多项式 $\Phi_{pqr}(x)$ 是平坦的. 得到如下的结论：

---

① G. Bachman. Ternary cyclotomic polynomials with an optimally large set of coefficients. Proe. Amer. Math. Soc. 132(2004),1943-1950.

② D. M. Bloom. On the coeffcients of the cyclotomic polynomials. Amer. Math. Monthly, 75(1968),372-377.

③ P. Moree. Inverse cyclotomic polynomials. J. Number Theory 129(2009), 667-680.

④ G. Bachman. Flat cyelotomic polynomial of order three. Bull. London Math. Soc. 38(2006), 53-60.

对于每个素数 $p \geqslant 5$，都存在无穷多对素数 $q, r, p < q < r$，使得 $\Phi_{pqr}(x)$ 是平坦的. 特别地，若 q, r 满足 $q \equiv -1 \pmod{p}$，$r \equiv 1 \pmod{pq}$，则 $A(pqr) = 1$.

2007年，Kaplan给出三阶分圆多项式 $\Phi_{pqr}(x)$ 与二阶分圆多项式 $\Phi_{pq}(x)$ 系数之间的关系，并证明了：

定理 10.1 若 $p < q < r$ 是奇素数且 $r \equiv \pm 1 \pmod{pq}$，则 $\Phi_{pqr}(x)$ 是平坦的.

定理 10.2 若 $p < q < r$ 是奇素数，则对任意的素数 $s > q$ 且满足 $s \equiv \pm r \pmod{pq}$，有 $A(pqr) = A(pqs)$.

2010年，Chun-Gang Ji① 也给出了一些特殊的平坦三阶分圆多项式：设 $p < q < r$ 为奇素数，且 $2r \equiv \pm 1 \pmod{pq}$，则 $\Phi_{pqr}(x)$ 平坦的充要条件是 $p = 3, q \equiv 1 \pmod{p}$.

2010年，N. Kaplan② 给出四阶分圆多项式平坦性结论：当 $n = pqrs$ 时，$p < q < r < s$ 为奇素数，存在无穷多个分圆多项式 $\Phi_{pqrs}(x)$ 是平坦的. 特别地，当 $s \equiv -1 \pmod{465}$ 时，$A(3 \cdot 5 \cdot 31 \cdot s) = 1$. 另外 A. Arnold 和 M. Monagan③④ 给出了计算 $A(n)$ 的方法，通过计算发现：当 $n < 3 \times 10^8$，存在 1 389 个四阶平坦分圆多项式 $\Phi_n(x)$，令人奇怪的是所有的 n 都满足：$n = pqrs, q = -1 \pmod{p}, r \equiv \pm 1 \pmod{pq}, s \equiv \pm 1 \pmod{pqr}$. 文中 Kaplan 又提到了 Broadhurst 猜想.⑤

设 $p < q < r$ 是奇素数，且存在 $0 < w \leqslant (pq-1)/2$，满足 $r \equiv \pm w \pmod{pq}$.

(a) 若 $w = 1$，则记作 $[p, q, r]$ 的第一类型.

(b) 若 $w > 1, q \equiv 1 \pmod{pw}$ 且 $p \equiv 1 \pmod{w}$，则记作 $[p, q, r]$ 的第二类型.

(c) 若 $w > p, q > p(p-1), q \equiv \pm 1 \pmod{p}$ 且 $\omega = \pm 1 \pmod{p}$，而且当 $w \equiv 1 \pmod{p}$ 时，$wp \nmid q+1, wp \nmid q-1$ 成立，则记作 $[p, q,$

---

① Chun-Gang Ji. A special family of cyclotomic polynomials of order three. Science China Math, 2010, 53 (9):2269-2274.

② N. Kaplan. Flat cyclotomic polynomials of order four and higher. Integers 10(2010), A30, 357-363.

③ A. Arnold, M. Monagan. Calculating cyclotomic polynomials. Math. Comp. 80(2011), no. 276, 2359-2379.

④ A. Arnold, M. Monagan. Data on the heights and lengths of cyclotomic polynomials, available: http: // www. cecm. sfu. ca/! ada26/cyclotomic/.

⑤ D. Broadhurst. Flat ternary cyclotomic polynomials. http: // tech. groups. yah oo. com/ group/ primenum bers/ message/20305.

$r]$ 的第三类型.(猜想[①]).

(a) 若$[p,q,r]$是第一或第二类型,则 $A(pqr)=1$.

(b) 若$[p,q,r]$不是第一,第二或第三类型,则 $A(pqr)>1$.

(c) 若 $[p,q,r]$ 是第三类型,则 $A(pqr)=1$ 当且仅当 $\Phi_{pq}(x^s)/\Phi_{pq}(x)$ 是平坦的,其中 s 是满足 $s\equiv 1(\mathrm{mod}\ p)$,$s\equiv \pm r(\mathrm{mod}\ pq)$ 的最小正整数.

其中,定理 10.1 就是上述$[p,q,r]$的第一类型,所以 $A(pqr)=1$. 利用 G. Bachman 的思想主要证明了$[p,q,r]$的第二类型中 $w=2$ 的情况,得到了如下的定理:

定理 10.3　设 $p<q<r$ 是奇素数,若 $r\equiv\pm 2(\mathrm{mod}\ pq)$,$q\equiv 1(\mathrm{mod}\ p)$,则 $A(pqr)=1$.

① D. Broadhurst. Flat ternary cyclotomic polynomials. http://tech.groups.yahoo.com/group/primenumbers/message/20305.

分布与测度[①]

第11章

分圆多项式是代数数论中分圆函数域中的具体例子，而代数数论是一门数学中多个分支相融合的庞大理论体系，对其进行研究时要用到许多工具.清华大学的冯克勤教授曾专门介绍过局部环 R_P 上的积分理论.由 B. Mazur 和 N. Katz 等人系统发展的分布和测度理论是研究分圆域理论等现代数论的有用工具.这一工具被 Galovich 和 Rosen[②] 以及 Goss[③] 等人利用到分圆函数域上.如前一样，令 $k=F_q(T)$，$R=F_q[T]$，P 是 R 中 d 次首 1 不可约多项式，k_P 为 k 对有限素除子 P 的局部化，R_P 是 R 对于素理想 P 的局部化，即

$$R_P=\{\alpha \in k_P \mid |\alpha|_P \leqslant 1\}=\{\alpha \in k_P \mid v_P(\alpha) \geqslant 0\}$$

其中 $|\alpha|_P$ 和 v_P 分别为 k 关于 P 的标准赋值和标准指数赋值.

和数域的情形一样，R_P 上的积分可以有三种不同观点：射影系 $R_P=\varprojlim R/(P^n)$ 上的分布（和测度）；定义在 R_P 的紧开子集族上的可加性映射；以及 R_P 上连续函数空间上的（有界）泛函.关于 p-adic 整数环 $\mathbf{Z}_p=\varprojlim \mathbf{Z}/(p^n)$ 上积分的这三种观点可参看 Koblitz，Washington 或 S. Lang 的书[④⑤⑥].现在对于 R_P 上的积分依次介绍这三种观点：

对于 $i \geqslant j \geqslant 1$，有环的自然满同态

---

① 摘自《分圆函数域》，冯克勤著，上海科学技术出版社，1997.

② Galovich S and Rosen M. Distributions on rational function fields. Math Ann. 1981，256：549-560.

③ Goss D. Fourier series，measures and divided power series in the theory of function fields. K-Theory 1989，2：533-555.

④ Koblitz N. p-adic Numbers，p-adic Analysis and zeta functions. Springer-Verlag，1984.

⑤ Washington L C. Introduction to Cyclotomic Fields. Springer-Verlag，1982.

⑥ Lang S. Cyclotomic Fields I and II. GTM 121，Springer-Verlag，1990.

$$\pi_{ij}:R/(P^i)\rightarrow R/(P^j),A(\mathrm{mod}\ P^i)\mapsto A(\mathrm{mod}\ P^j)$$

则$\{R/(P^n),\pi_{ij}\mid n\geqslant 1,i\geqslant j\geqslant 1\}$形成射影系，即$\pi_{ii}$是恒等映射，并且当$i\geqslant j\geqslant k$时，$\pi_{jk}\pi_{ij}=\pi_{ik}$. 这个射影系的射影极限为

$$\varprojlim R/(P^n)=\{(\alpha_1,\alpha_2,\cdots,\alpha_n,\cdots)\mid \alpha_n\in R/(P^n),\pi_{ij}(\alpha_i)=\alpha_j(\text{当}\ i\geqslant j\ \text{时})\}$$

自然等同于局部环R_P，即R_P中的元素

$$\alpha=A_0+A_1P+A_2P^2+\cdots+A_nP^n+\cdots(A_i\in R,\deg A_i<d)$$

自然等同于$\varprojlim R/(P^n)$中的元素$(\alpha_1,\alpha_2,\cdots,\alpha_n,\cdots)$，其中

$$\alpha_n=\sum_{i=0}^{n-1}A_iP^i(\mathrm{mod}\ P^n)=\alpha(\mathrm{mod}\ P^n)$$

对于每个$n\geqslant 1$，有环的满同态

$$\pi_n:R_P\rightarrow R/(P^n),\alpha\mapsto\alpha_n$$

$\mathrm{Ker}(\pi_n)$为R_P的理想$(P^n)=P^nR_P$. 从而$R/(P^n)$中的每个元素的原象为$A+(P^n)$，其中不妨设$A\in R,\deg A<nd$. R_P中每个这样的集合$A+(P^n)(A\in R,n\geqslant 1)$称作$R_P$的区间，它是$R_P$的紧开子集，并且所有的区间形成拓扑环$R_P$的一个基本邻域系.

定义 11.1 设G为阿贝尔群. 映射族

$$\{\varphi_n\mid R/(P^n)\rightarrow G\}\quad(n=1,2,3,\cdots)$$

称作射影系$\{R/(P^n),\pi_{ij}\}$的一个取值于G的分布，是指对于每个$x\in R/(P^j)$和$i\geqslant j$，均有

$$Q_j(x)=\sum_{\substack{y\in R/(P^j)\\ \pi_{ij}(y)=x}}\varphi_i(y)\tag{1}$$

由于该射影系的下标集合$\{1,2,3,\cdots,n,\cdots\}$是线性序列，所以只需对$i=j+1$的情形有式(1)成立即可，即分布所满足的条件为：对每个$j\geqslant 1$和$x\in R/(P^j)$，有

$$\varphi_j(x)=\sum_{\substack{y\in R/(P^{j+1})\\ y=x(\mathrm{mod}\ P^j)}}\varphi_{j+1}(y)=\sum_{\substack{B\in R\\ \deg B<d}}\varphi_{j+1}(x+BP^j)\tag{2}$$

通过映射族$\{\pi_n\}(n\geqslant 1)$可以把式(2)提升到R_P上. 对每个$x\in R/(P^n)$，我们定义$\varphi(x+(P^n))=\varphi_n(x)$，这就给出一个映射$\varphi$，它把$R_P$的每个区间映成$G$中的元素，而式(2)转变成下面的式(3)，所以定义11.1就转变成定义11.1′：

定义 11.1′ 设G为阿贝尔群. 在R_P上取值于G的分布是一个映射φ，它把R_P的每个区间映成G中的元素，并且对于每个$A\in R$和$n\geqslant 1$，有

$$\varphi(A+(P^n))=\sum_{\substack{B\in R\\ \deg B<d}}\varphi(A+BP^n+(P^{n+1}))\tag{3}$$

与拓扑环$\mathbf{Z}_p$的情形一样，环R_P的每个紧开子集都是有限个两两非相交的区间的并(证明可参见前文脚注中Koblitz的文章). 设φ是R_P上取值于G的分

布，如果 R_P 的紧开子集 B 是两两非相交的区间 $B_1,\cdots,B_t$ 的并，我们令

$$\varphi(B)=\varphi(B_1)+\cdots+\varphi(B_t)$$

利用式(3)可以证明，$\varphi(B)$ 和上述 $B_1,\cdots,B_t$ 的取法无关. 这就把映射 φ 的定义域扩充到了 R_P 的所有紧开子集上，并且 φ 满足可加性，即若紧开子集 B 是两两非相交的有限个紧开子集 $B_1,\cdots,B_t$ 的并，则

$$\varphi(B)=\varphi(B_1)+\cdots+\varphi(B_t)$$

所以我们给出 R_P 上分布的第二个定义如下：

定义 11.2 设 G 是阿贝尔群. R_P 上取值于 G 的一个分布是指可加性映射

$$\varphi:\{R_P\text{ 的紧开子集}\}\to G$$

以下我们取 G 为 C_P（k_P 的代数闭包的拓扑完备化域）. 令 $\mathscr{P}$ 是 P 到域 C_P 的唯一扩充素除子，$|\quad|_{\mathscr{P}}$ 是 k 中赋值 $|\quad|_P$ 到 C_P 的唯一扩充. 我们用 $C(R_P)$ 表示从 R_P 到 C_P 的所有连续函数组成的 C_P 上的向量空间. 对每个 $f\in C(R_P)$，定义 f 的范数为

$$\|f\|=\max_{a\in R_P}|f(a)|_{\mathscr{P}}$$

则 $C(R_P)$ 对这个范数是巴拿赫空间(完备赋范空间).

设 φ 是 R_P 上取值于 C_P 的分布，对于 R_P 的每个紧开子集 B，令 χ_B 是 B 的特征函数，即

$$\chi_B(x)=\begin{cases}1,\text{若 } x\in B\\0,\text{否则}\end{cases}$$

我们把 $\varphi(B)$ 写成如下形式

$$\varphi(B)=\int_{R_P}\chi_B(x)\mathrm{d}\varphi(x)=\int_B\mathrm{d}\varphi(x)$$

称作函数 χ_B(对于分布 φ)的积分. 函数 $f\in C(R_P)$ 称作是局部常值的，是指对每个 $x\in R_P$ 均有包含 x 的紧开子集 B，使得 f 在 B 上取常值. 熟知全体局部常值函数构成的集合 $S(R_P)$ 是 $C(R_P)$ 的子空间. 对每个局部常值函数 f，R_P 都可以分解成有限个两两非相交的紧开子集 $B_1,\cdots,B_t$ 的并，使得 f 在每个 B_i 上取常值 $c_i\in C_P$. 于是 f 是有限个 χ_{B_i} 的 C_P 一线性组合：$f=\sum\limits_{i=1}^{t}c_i\chi_{B_i}$. 我们定义 f 对于分布 φ 的积分为

$$\begin{aligned}\int_{R_P}f(x)\mathrm{d}\varphi(x)&=\sum_{i=1}^{t}c_i\int_{R_P}\chi_{B_i}(x)\mathrm{d}\varphi(x)\\&=\sum_{i=1}^{t}c_i\int_{B_i}\mathrm{d}\varphi(x)\\&=\sum_{i=1}^{t}c_i\varphi(B_i)\end{aligned}$$

于是 φ 就成为 C_P — 向量空间 $S(R_P)$ 上的 C_P — 线性泛函

$$\varphi: S(R_P) \to C_P, f \mapsto \int_{R_P} f(x)\mathrm{d}\varphi(x)$$

这就是 R_P 上取值于 C_P 的分布的第三种定义方式.

定义 11.3　R_P 上取值于 C_P 的分布 φ 称作是测度，是指存在常数 $N > 0$，使得对 R_P 的每个紧开子集 B，均有

$$|\varphi(B)|_{\mathscr{P}} = \left|\int_B \mathrm{d}\varphi(x)\right|_{\mathscr{P}} \leqslant N$$

由于赋值的非阿贝尔性质以及每个紧开子集都是有限个两两非相交的区间的并，可知定义 11.3 中只要对 R_P 的每个区间 B 满足所述的有界条件即可. 同样由于赋值的非阿贝尔性质，可知若 φ 是 R_P 上取值于 C_P 的测度，则对每个局部常值函数 $f \in S(R_P)$，也有 $\left|\int_{R_P} f(x)\mathrm{d}\varphi(x)\right|_{\mathscr{P}} \leqslant N$. 又熟知 $S(R_P)$ 是 $C(R_P)$ 的稠密子空间，即对每个连续函数 $f \in C(R_P)$ 均存在局部常值函数序列 $f_n \in S(R_P)$ $(n=1,2,\cdots)$，使得

$$\varepsilon_n = \| f - f_n \| \to 0 \quad (当 n \to \infty 时)$$

这时若 φ 是测度，则

$$\begin{aligned}
&\left|\int_{R_P} f_n(x)\mathrm{d}\varphi(x) - \int_{R_P} f_m(x)\mathrm{d}\varphi(x)\right|_{\mathscr{P}} \\
&= \left|\int_{R_P} (f_n(x) - f_m(x))\mathrm{d}\varphi(x)\right|_{\mathscr{P}} \\
&\leqslant \| f_n - f_m \| \varphi(R_P) \\
&\leqslant (\| f_n - f \| + \| f_m - f \|) N \to 0 \quad (当 n, m \to \infty 时)
\end{aligned}$$

这就表明极限 $\lim\limits_{n\to\infty}\int_{R_P} f_n(x)\mathrm{d}\varphi(x)$ 存在. 我们将这个极限定义成连续函数 f 对于 φ 的积分 $\int_{R_P} f(x)\mathrm{d}\varphi(x)$. 于是，下面三个概念是等价的：

(1) φ 为 R_P 上取值于 C_P 的测度.

(2) φ 为有界的可加性映射 φ：{R_P 的紧开子集} $\to C_P$.

(3) φ 为有界 C_P — 线性泛函 $\varphi: C(R_P) \to C_P, f \mapsto \int_{R_P} f(x)\mathrm{d}\varphi(x)$.

(这里所指的有界性是指存在 $N > 0$，使得对每个 $f \in C(R_P)$，有 $\left|\int_{R_P} f(x)\mathrm{d}\varphi(x)\right|_{\mathscr{P}} \leqslant \| f \| N.$)

举例如下：

例 1　(Dirac 测度) 对于 $a \in R_P$，定义映射

$$\delta_a: \{R_P 的紧开子集\} \to C_P$$

其中对 R_P 的每个紧开子集 B，有

$$\delta_a(B)=\begin{cases}1,\text{若 } a\in B\\ 0,\text{否则}\end{cases}$$

易知 δ_a 是 R_P 上的测度，称作对于 a 的 Dirac 测度. 对于每个连续函数 $f\in C(R_P)$，有

$$\int_{R_P} f(x)\mathrm{d}\delta_a(x)=f(a)$$

例 2 (Beta 测度和 Zeta 测度) 设 P 是 $F_q[T]=R$ 中 d 次首 1 不可约多项式($d\geqslant 1$)，对 R_P 的每个区间 $A+(P^m)$(其中 $m\geqslant 0, A\in R, \deg A<md$)，定义

$$\mu(A+(P^m))=\begin{cases}2,\text{若 } A\in R_1\\ 1,\text{否则}\end{cases}$$

$$\overline{\mu}(A+(P^m))=\begin{cases}2+\deg A-md,\text{若 } A\in R_1\\ 1+\deg A-md,\text{若 } A\in R-R_1, A\neq 0\\ 0,\text{若 } A=0\end{cases}$$

定理 11.1 μ 和 $\overline{\mu}$ 是 R_P 上取值于 $F_q(\subseteq C_P)$ 的测度，并且对每个 $k\geqslant 0$，有

$$\int_{R_P} x^k\mathrm{d}\mu(x)=\xi_\infty(-k), \int_{R_P} x^k\mathrm{d}\overline{\mu}(x)=\beta_k(T)$$

(μ 和 $\overline{\mu}$ 分别称为 Zeta 测度和 Beta 测度).

证明 设 $m\geqslant 0, A\in R, \deg A<md$. 则

$$\begin{aligned}
&\sum_{\substack{B\in R\\ \deg B<d}}\mu(A+BP^m+(P^{m+1}))\\
&=\mu(A+(P^{m+1}))+2\sum_{\substack{B\in R_1\\ \deg B<d}}1+\sum_{\substack{B\in R-R_1\\ \deg B<d\\ B\neq 0}}1\\
&=\mu(A+(P^m))+\sum_{\substack{B\in R_1\\ \deg B<d}}1+\sum_{\substack{B\in R\\ \deg B<\\ B\neq 0}}1\\
&=\mu(A+(P^m))+\sum_{\substack{B\in R_1\\ \deg B<d}}1+\sum_{\substack{B\in R_1\\ \deg B<d}}\sum_{a\in F_q^*}1\\
&=\mu(A+(P^m))+q\sum_{\substack{B\in R_1\\ \deg B<d}}1\\
&=\mu(A+(P^m))
\end{aligned}$$

所以 μ 是测度.

类似地

$$\overline{\mu}(A+BP^m+(P^{m+1}))$$

$$=\overline{\mu}(A+(P^{m+1}))+\sum_{\substack{B\in R_1\\ \deg B<d}}1+\sum_{\substack{B\in R\\ \deg B<d\\ B\neq 0}}(1+\deg(BP^m)-(m+1)d)$$

$$=\overline{\mu}(A+(P^m))-d+\sum_{\substack{B\in R\\ \deg B<d\\ B\neq 0}}(\deg B-d)$$

$$=\overline{\mu}(A+(P^m))+\sum_{\substack{B\in R\\ \deg B<d\\ B\neq 0}}\deg B$$

$$=\overline{\mu}(A+(P^m))+(q-1)\sum_{\substack{B\in R_1\\ \deg B<d}}\deg B$$

$$=\overline{\mu}(A+(P^m))-\sum_{i=1}^{d-1}iq^i$$

$$=\overline{\mu}(A+(P^m))$$

所以 $\overline{\mu}$ 也是测度.

现在证明 $\int_{R_P}x^k\mathrm{d}\mu(x)=\xi_\infty(-k)$. 当 $k=0$ 时,两端均为 1. 以下设 $k\geqslant 1$. 对每个 $n\geqslant 1$,如果 $x,y\in R_P$,$x\equiv y(\bmod P^n)$,那么 $x^k\equiv y^k(\bmod P^n)$. 因此

$$\int_{R_P}x^k\mathrm{d}\mu(x)=\sum_{\substack{A\in R\\ \deg A<nd}}\int_{A+(P^n)}x^k\mathrm{d}\mu(x)$$

$$\equiv\sum_{\substack{A\in R\\ \deg A<nd}}A^k\mu(A+(P^n))(\bmod P^n)$$

$$=\sum_{\substack{A\in R\\ \deg A<nd}}A^k+\sum_{\substack{A\in R_1\\ \deg A<nd}}A^k \tag{4}$$

若 $(q-1)\mid k$,则式(4) 右端为

$$\sum_{\substack{A\in R_1\\ \deg A<nd}}\sum_{a\in F_q^*}(aA)^k+\sum_{\substack{A\in R_1\\ \deg A<nd}}A^k$$

$$=(q-1+1)\sum_{\substack{A\in R_1\\ \deg A<nd}}A^k$$

$$=0$$

这表明

$$\int_{R_P}x^k\mathrm{d}\mu(x)\equiv 0(\bmod P^n)$$

令 $n\to+\infty$,可知

$$\int_{R_P}x^k\mathrm{d}\mu(x)=0=\xi_\infty(-k)$$

若 $(q-1)\nmid k$,则式(4) 右端的第一个和式为零. 因此

$$\int_{R_P}x^k\mathrm{d}\mu(x)\equiv\sum_{\substack{A\in R_1\\ \deg A<nd}}A^k(\bmod P^n)$$

令 $n \to \infty$,可知

$$\int_{R_P} x^k \mathrm{d}\mu(x) = \sum_{A \in R_1} A^k = \xi_\infty(-k)$$

最后证明$\int_{R_P} x^k \mathrm{d}\overline{\mu}(x) = \beta_k(T)$. 当 $k=0$ 时,两边均为0. 以下设 $k \geqslant 1$. 这时有

$$\begin{aligned}\int_{R_P} x^k \mathrm{d}\overline{\mu}(x) &\equiv \sum_{\substack{A \in R \\ \deg A < nd}} A^k \overline{\mu}(A + (P^n)) (\bmod P^n) \\ &= \sum_{\substack{A \in R \\ \deg A < nd \\ A \neq 0}} A^k (1 + \deg A - nd) + \sum_{\substack{A \in R_1 \\ \deg A < nd}} A^k \qquad (5)\end{aligned}$$

若$(q-1) \mid k$,则式(5)右端为

$$-\sum_{\substack{A \in R_1 \\ \deg A < nd}} A^k (\deg A - nd) = -\sum_{A \in R_1} A^k \deg A - nd \sum_{\substack{A \in R \\ \deg A < nd \\ A \neq 0}} A^k$$

取一个固定多项式 B 使得$(B,P)=1$,$\deg B \geqslant 1$,这时有

$$\begin{aligned}\sum_{\substack{0 \neq A \in R \\ \deg A < nd}} A^k &\equiv \sum_{A \in R/(P^n)} A^k (\bmod P^n) \\ &\equiv \sum_{A \in R/(P^n)} (AB)^k \\ &= B^k \sum_{A \in R/(P^n)} A^k (\bmod P^n)\end{aligned}$$

这就表明

$$(B^k - 1) \sum_{\substack{0 \neq A \in R \\ \deg A < nd}} A^k \equiv 0 (\bmod P^n)$$

于是

$$v_p\Big(\sum_{\substack{0 \neq A \in R \\ \deg A < nd}} A^k\Big) \geqslant n - v_P(B^k - 1) \geqslant n - \left[\frac{k \deg B}{d}\right]$$

当 $n \to +\infty$ 时,上式右端趋于 $+\infty$. 这就表明

$$\int_{R_P} x^k \mathrm{d}\overline{\mu}(x) = -\sum_{A \in R_1} A^k \deg A = \beta_k(T)$$

若$(q-1) \nmid k$,则式(5)右端第一个和式为零. 于是

$$\int_{R_P} x^k \mathrm{d}\overline{\mu}(x) = \sum_{A \in R_1} A^k = \beta_k(T)$$

这就证明了定理11.1.

以 $\mathscr{M}$ 表示 R_P 上取值于 C_P 的所有测度组成的集合. 对于 $\mu, \nu \in \mathscr{M}$,自然定义加法运算 $\mu + \nu$ 和卷积运算 $\mu * \nu$ 为:对每个 $f \in C(R_P)$,有

$$\int_{R_P} f(x) \mathrm{d}(\mu + \nu)(x) = \int_{R_P} f(x) \mathrm{d}\mu(x) + \int_{R_P} f(x) \mathrm{d}\nu(x)$$

$$\int_{R_p} f(x)\mathrm{d}(\mu * \nu)(x) = \int_{R_p}\int_{R_p} f(x+y)\mathrm{d}\mu(x)\mathrm{d}\nu(y)$$

由定义知 $\mu * \nu = \nu * \mu$，并且 $\mathscr{M}$ 对于这两种运算形成域 C_P 上的交换代数 $\left(\text{对于 } \alpha \in C_P, \int f(x)\mathrm{d}(\alpha\mu)(x) = \alpha\int f(x)\mathrm{d}\mu(x)\right)$. 从而我们可以把这个交换代数表示成另一种形式. 我们可知 $C(R_P)$ 中每个连续函数 $f(x)$ 均唯一地表示成

$$f(x) = \sum_{j\geqslant 0} a_j \frac{G_j(x)}{\Gamma_j} \tag{6}$$

其中 $a_j \in C_P, a_j \to 0$ (对于 p-adic 拓扑). 对于 $\mu \in \mathscr{M}$，令

$$b_j = \int_{R_p} \frac{G_j(x)}{\Gamma_j}\mathrm{d}\mu(x) \quad (j = 0,1,2,\cdots)$$

则 $b_j \in C_P$. 由于 $G_j(x)/\Gamma_j$ 是从 R_P 到 R_P 的连续函数，可知 $b_j(j=0,1,2,\cdots)$ 是有界的，即存在 $N>0$，使得 $|b_j|_{\mathscr{P}} \leqslant N(j=0,1,2,\cdots)$. 于是对于由式(6)表示出的 $f(x)\in C(R_P)$，有

$$\int_{R_p} f(x)\mathrm{d}\mu(x) = \sum_{j\geqslant 0} a_j \int_{R_p}\frac{G_j(x)}{\Gamma_j}\mathrm{d}\mu(x) = \sum_{j\geqslant 0} a_j b_j \in C_P$$

如果又有 $\nu \in \mathscr{M}$，并且

$$c_j = \int_{R_p} \frac{G_j(x)}{\Gamma_j}\mathrm{d}\nu(x) \quad (j = 0,1,2,\cdots)$$

则

$$\begin{aligned}
\int_{R_p} \frac{G_j(x)}{\Gamma_j}\mathrm{d}(\mu * \nu)(x) &= \int_{R_p}\int_{R_p} \frac{G_j(x+y)}{\Gamma_j}\mathrm{d}\mu(x)\mathrm{d}\nu(y) \\
&= \int_{R_p}\int_{R_p} \sum_{\substack{e+f=j \\ e,f\geqslant 0}} \binom{j}{e} \frac{G_e(x)}{\Gamma_e} \cdot \frac{G_f(y)}{\Gamma_f}\mathrm{d}\mu(x)\mathrm{d}\nu(y) \\
&\quad (\text{加法公式}) \\
&= \sum_{e+f=j}\binom{j}{e}\int_{R_p}\frac{G_e(x)}{\Gamma_e}\mathrm{d}\mu(x)\int_{R_p}\frac{G_f(y)}{\Gamma_f}\mathrm{d}\nu(y) \\
&= \sum_{e+f=j}\binom{j}{e} b_e c_f \\
&= \sum_{e=0}^{j}\binom{j}{e} b_e c_{j-e}
\end{aligned} \tag{7}$$

现在我们考虑集合

$$\mathscr{D} = \left\{ \sum_{j=0}^{\infty} b_j \frac{Z^j}{j!} \,\middle|\, b_j \in C_P, \text{并且存在 } N > 0, \text{使得 } |b_j| \leqslant N \ (j = 0,1,2,\cdots) \right\}$$

这里对每个 $j \geqslant 0$，$\frac{Z^j}{j!}$ 看成一个符号. 于是有映射

$$\varphi: \mathscr{M} \to \mathscr{D}, \mu \mapsto \sum_{j\geqslant 0} b_j \frac{Z^j}{j!}$$

其中

$$b_j = \int_{R_P} \frac{G_j(x)}{\Gamma_j} \mathrm{d}\mu(x)$$

这显然是 C_P－线性映射. 我们可知这是一一对应，即 φ 是 C_P－向量空间的同构. 进而在 $\mathscr{D}$ 中自然引入加法和乘法

$$\sum a_j \frac{Z^j}{j!} + \sum b_j \frac{Z^j}{j!} = \sum (a_j + b_j) \frac{Z^j}{j!}$$

$$\begin{aligned}
&\left(\sum_{j\geqslant 0} a_j \frac{Z^j}{j!}\right)\left(\sum_{k\geqslant 0} b_k \frac{Z^k}{k!}\right) \\
&= \sum_{j,k\geqslant 0} a_j b_k \left(\frac{Z^j}{j!} \cdot \frac{Z^k}{k!}\right) \\
&= \sum_{j,k\geqslant 0} a_j b_k \frac{(j+k)!}{j!\ k!} \cdot \frac{Z^{j+k}}{(j+k)!} \\
&= \sum_{i\geqslant 0} c_i \frac{Z^i}{i!}
\end{aligned}$$

其中

$$c_i = \sum_{\substack{j+k=i \\ j,k\geqslant 0}} a_j b_k \frac{i!}{j!\ k!} = \sum_{j=0}^{i} \binom{i}{j} a_j b_{i-j}$$

则 $\mathscr{D}$ 由此成为 C_P－交换代数. 由式(7)可知有以下结论：

定理 11.2(Goss[①]) 上述映射 φ 是 $\mathscr{M}$ 到 $\mathscr{D}$ 的 C_P 上的交换代数同构.

对于 $\mu \in \mathscr{M}$

$$\varphi(\mu) = \sum_{j\geqslant 0} b_j \frac{Z^j}{j!} \quad \left(\text{其中 } b_j = \int_{R_P} \frac{G_j(x)}{\Gamma_j} \mathrm{d}\mu(x)\right)$$

称作测度 μ 的 Divided 幂级数.

例 3 对于前述的 Dirac 测度 $\delta_a (a \in R_P)$，则有

$$b_j = \int_{R_P} \frac{G_j(x)}{\Gamma_j} \mathrm{d}\delta_a(x) = \frac{G_j(a)}{\Gamma_j} \quad (j \geqslant 0)$$

于是

$$\varphi(\delta_a) = \sum_{j\geqslant 0} \frac{G_j(a)}{\Gamma_j} \cdot \frac{Z^j}{j!}$$

① Goss D. Fourier series, measures and divided power series in the theory of function fields. K-Theory, 1989, 2: 533-555.

特别是 $\varphi(\delta_0)=1$，所以 δ_0 是代数 $\mathscr{M}$ 中的幺元素.

例 4　现在求定理 11.1 给出的 Zeta 测度 μ 和 Beta 测度 $\overline{\mu}$ 的幂级数. 这是由 D. Goss 通过计算提出的猜想而由 Thakur[①] 证明的.

定理 5.5.6　(1) 设 Zeta 测度 μ 的幂级数为 $\sum_{k\geqslant 0}\mu_k\frac{Z^k}{k!}$，则

$$\mu_k=\begin{cases}(-1)^m, 若\ k=cq^m+(q^m-1) & (0<c<q-1)\\ 0, 否则\end{cases}$$

(2) 设 Beta 测度 $\overline{\mu}$ 的幂级数为 $\sum_{k\geqslant 0}\overline{\mu}_k\frac{Z^k}{k!}$，则

$$\overline{\mu}_k=\begin{cases}(-1)^m, 若\ k=cq^m+(q^m-1) & (0<c\leqslant q-1)\\ 0, 否则\end{cases}$$

证明　(1) 首先，由于 $\mu_k=\int_{R_P}\frac{G_k(x)}{\Gamma_k}\mathrm{d}\mu(x)$，$\frac{G_k(x)}{\Gamma_k}\in F_q(T)[x]$，而 $\int_{R_P}x^i\mathrm{d}\mu(x)=-\xi(-i)\in R=F_q[T]$，可知 $\mu_k\in F_q(T)$. 进而，对每个首 1 不可约多项式 P，当 $x\in R_P$ 时，$\frac{G_k(x)}{\Gamma_k}\in R_P$. 再由测度 μ 取值于 $R\subseteq R_P$，所以 $\mu_k\in R_P$（对每个 P）. 这就证明了 $\mu_k\in R=F_q[T]$.

现在设 $G_k(x)=\sum_{i=0}^{k}a_ix^i(a_i\in\mathbf{R})$. 则

$$\begin{aligned}\mu_k&=\int_{R_P}\frac{G_k(x)}{\Gamma_k}\mathrm{d}\mu(x)\\&=\sum_{i=0}^{k}\frac{a_i\zeta_\infty(-i)}{\Gamma_k}\in R\end{aligned}$$

当 $k\neq cq^m+(q^m-1)(1\leqslant c<q-1)$ 时，有

$$\deg\left(\frac{a_i\zeta_\infty(-i)}{\Gamma_k}\right)<0\quad(0\leqslant i\leqslant k)$$

这表明了

$$\mu_k=\sum_{i=0}^{k}\frac{a_i\zeta_\infty(-i)}{\Gamma_k}=0$$

当 $k=cq^m+(q^m-1)(1\leqslant c<q-1)$ 时，可知

$$\deg\left(\frac{a_i\zeta_\infty(-i)}{\Gamma_k}\right)<0\quad(0\leqslant i\leqslant k-1)$$

$$\deg\left(\frac{a_k\zeta_\infty(-k)}{\Gamma_k}\right)=0$$

① Thakur D. Zeta measure associated to $F_q[T]$. Jour of Number Theory, 1990, 35: 1-17.

所以 μ_k 等于 $\frac{a_k\zeta_\infty(-k)}{\Gamma_k}$ 的常数项. 但是 $a_k=1$，而 $\zeta_\infty(-k)$ 的最高次项为 $(-1)^m T^{\deg \Gamma_k}$，这就表明 $\mu_k=(-1)^m$.

(2) 可类似地证明，留给读者思考.

分布和测度理论以及 p-adic 分析工具在研究数域的分圆域理论中起着重要的作用.

第12章 五大蒙蔽你的数学假象

2017年7月18日“超级数学建模”公众号中发布了一篇关于数学试验的文章：

12.1 x^n-1 在 **Z** 上的因式分解

注意到

$$x^2-1=(x-1)(x+1)$$
$$x^3-1=(x-1)(x^2+x+1)$$
$$x^4-1=(x-1)(x+1)(x^2+1)$$
$$x^5-1=(x-1)(x^4+x^3+x^2+x+1)$$
$$\vdots$$
$$x^{12}-1=(x-1)(x+1)(x^2+1)(x^2-x+1)\cdot(x^2+x+1)(x^4-x^2+1)$$
$$\vdots$$
$$x^{36}-1=(x-1)(x+1)(x^2+1)(x^2-x+1)(x^2+x+1)\cdot(x^4-x^2+1)(x^6-x^3+1)(x^6+x^3+1)(x^{12}-x^6+1)$$
$$\vdots$$

似乎有这种可能，对于所有的正整数 n，x^n-1 在 **Z** 上因式分解成不可约多项式的乘积后各项系数都为1或者 -1，不难验证对 n 在 $1\sim20$ 之间取值都是正确的.

据说有人算到了 $x^{100}-1$，均没有发现反例，于是人们放心大胆地猜想：

猜想 对于所有的正整数 n，x^n-1 在 **Z** 上因式分解后各项系数都为1或者 -1.

反例 在 $n=105$ 时，$x^{105}-1$ 的分解式为

$$(x-1)(x^2+x+1)(x^4+x^3+x^2+x+1)\cdot$$
$$(x^6+x^5+x^4+x^3+x^2+x+1)\cdot$$
$$(x^8-x^7+x^5-x^4+x^3-x+1)\cdot$$
$$(x^{12}-x^{11}+x^9-x^8+x^6-x^4+x^3-x+1)\cdot$$
$$(x^{24}-x^{23}+x^{19}-x^{18}+x^{17}-x^{16}+x^{14}-$$
$$x^{13}+x^{12}-x^{11}+x^{10}-x^8+x^7-x^6+x^5-x+1)\cdot$$
$$(x^{48}+x^{47}+x^{46}-x^{43}-x^{42}-2x^{41}-x^{40}-x^{39}+$$
$$x^{36}+x^{35}+x^{34}+x^{33}+x^{32}+x^{31}-x^{28}-x^{26}-$$
$$x^{24}-x^{22}-x^{20}+x^{17}+x^{16}+x^{15}+x^{14}+x^{13}+$$
$$x^{12}-x^9-x^8-2x^7-x^6-x^5+x^2+x+1)$$

其中项的系数出现了两个 -2.

注 在数学中，n 次分圆多项式是指唯一的 n 次整系数不可约多项式 $\Phi_n(x)$，使得其为 x^n-1 的因子，不为 x^k-1 的因子，k 为任意比 n 小的正整数.我们可以证明

$$\Phi_n(x)=\prod_{\substack{1\leqslant k\leqslant n\\ \gcd(k,n)=1}}(x-\mathrm{e}^{2\mathrm{i}\pi\frac{k}{n}})$$

然后对 x^n-1 有因式分解

$$\begin{aligned}x^n-1&=\prod_{1\leqslant k\leqslant n}(x-\mathrm{e}^{2\pi\cdot\mathrm{i}k/n})\\&=\prod_{d\mid n}\prod_{\substack{1\leqslant k\leqslant n\\ \gcd(k,n)=d}}(x-\mathrm{e}^{2\pi\cdot\mathrm{i}k/n})\\&=\prod_{d\mid n}\Phi_{n/d}(x)\\&=\prod_{d\mid n}\Phi_d(x)\end{aligned}$$

也就是最后因式分解得到的因子均为分圆多项式.

为什么会出现 $n=105$ 的反例呢？

我们先来看一些分圆多项式

$$\Phi_1(x)=x-1$$
$$\Phi_2(x)=x+1$$
$$\Phi_3(x)=x^2+x+1$$
$$\Phi_4(x)=x^2+1$$
$$\Phi_5(x)=x^4+x^3+x^2+x+1$$
$$\Phi_6(x)=x^2-x+1$$
$$\Phi_7(x)=x^6+x^5+x^4+x^3+x^2+x+1$$
$$\Phi_8(x)=x^4+1$$

$$\Phi_9(x)=x^6+x^3+1$$

$$\Phi_{10}(x)=x^4-x^3+x^2-x+1$$

$$\Phi_{11}(x)=x^{10}+x^9+x^8+x^7+x^6+x^5+x^4+x^3+x^2+x+1$$

$$\Phi_{12}(x)=x^4-x^2+1$$

$$\Phi_{13}(x)=x^{12}+x^{11}+x^{10}+x^9+x^8+x^7+x^6+x^5+x^4+x^3+x^2+x+1$$

$$\Phi_{14}(x)=x^6-x^5+x^4-x^3+x^2-x+1$$

$$\Phi_{15}(x)=x^8-x^7+x^5-x^4+x^3-x+1$$

$$\Phi_{16}(x)=x^8+1$$

$$\Phi_{17}(x)=x^{16}+x^{15}+x^{14}+x^{13}+x^{12}+x^{11}+x^{10}+x^9+x^8+x^7+x^6+x^5+x^4+x^3+x^2+x+1$$

$$\Phi_{18}=x^6-x^3+1$$

$$\Phi_{19}=x^{18}+x^{17}+x^{16}+x^{15}+x^{14}+x^{13}+x^{12}+x^{11}+x^{10}+x^9+x^8+x^7+x^6+x^5+x^4+x^3+x^2+x+1$$

$$\Phi_{20}=x^8-x^6+x^4-x^2+1$$

它们的系数都是 $-1,1$，这种情况一直持续到 $n=104$.

而当 $n=105$ 时，有

$$\Phi_{105}(x)=x^{48}+x^{47}+x^{46}-x^{43}-x^{42}-2x^{41}-x^{40}-x^{39}+x^{36}+x^{35}+x^{34}+x^{33}+x^{32}+x^{31}-x^{28}-x^{26}-x^{24}-x^{22}-x^{20}+x^{17}+x^{16}+x^{15}+x^{14}+x^{13}+x^{12}-x^9-x^8-2x^7-x^6-x^5+x^2+x+1$$

所以我们分解 $x^{105}-1$ 时，因子中 $\Phi_{105}(x)$ 导致了反例的出现.

关于怎么计算 n 次分圆多项式中的系数，我们目前还没有一目了然的公式，但是有以下定理：

定理 12.1　若 n 的质因数分解中奇素数个数不超过 2，那么 $\Phi_n(n)$ 的系数只能为 1 或 -1(或 0). 从而 x^n-1 在 $\mathbf{Z}$ 上因式分解后各项系数都为 1 或者 -1(或 0)，猜想成立.

举个例子，由于 2 016 只有素因子 2,3,7，$x^{2\,016}-1$ 在 $\mathbf{Z}$ 上因式分解后各项系数都为 1 或者 -1. 可以验证小于 105 的所有数对定理条件均满足. 但是对于 $105=3\times5\times7$，不好意思，定理条件失效了(105 有三个奇素数因子，我们在 $n=105$ 有了反例).

12.2 波利亚[1]猜想

这是一个常用的经典超大数产生的反例.

考虑对自然数列的质因数分解,即

$$2=2$$
$$3=3$$
$$4=2\times 2$$
$$5=5$$
$$6=2\times 3$$
$$7=7$$
$$8=2\times 2\times 2$$
$$9=3\times 3$$
$$10=2\times 5$$
$$11=11$$
$$12=2\times 2\times 3$$
$$13=13$$
$$14=2\times 7$$
$$15=3\times 5$$
$$16=2\times 2\times 2\times 2$$
$$17=17$$
$$\vdots$$

在写出的数中可以看到,4,6,9,10,14,16这6个数包含偶数个质因子,其余11个数都含奇数个质因子(不区分相同的质因子).我们可以感觉到包含偶数个质因子的数要明显小一些,也就是说对每一个给定的不小于2的正整数2,3,…,n,这$n-1$个数中含偶数个质因数的数的个数小于一半.

严格来说,n有质因数分解$n=p_1^{\alpha_1}\cdots p_k^{\alpha_k}$,令$f(n)\equiv\alpha_1+\cdots+\alpha_k \pmod 2$,则$f(n)$取0或1.

波利亚猜想 对每一个给定不小于2的正整数2,3,…,n,这$n-1$个数中含偶数个质因数的数的个数小于一半,即

① 波利亚(Pólya,1887—1985),美籍匈牙利数学家.

$$\sum_{2}^{n} f(x) \leqslant \frac{n-1}{2}$$

这个猜想对 1 亿之内的数都成立.

反例　来自 Matrix 67 博客的一段话(加了补充):

波利亚猜想看上去非常合理——每个有偶数个质因子的数,必然都已经提前经历过了"有奇数个质因子"这一步.不过,这个猜想却一直未能得到一个严格的数学证明.

到了 1958 年,英国数学家 C. B. Haselgrove 发现,波利亚猜想竟然是错误的.他证明了波利亚猜想存在反例,从而推翻了这个猜想.不过,Haselgrove 仅仅是证明了反例的存在性,并没有算出这个反例的具体值.

Haselgrove 估计,这个反例至少也有一个 361 位数(1.848×10^{361}).

1960 年,R. Sherman Lehman 给出了一个确凿的反例:$n=906\ 180\ 359$.而波利亚猜想的最小反例则是到了 1980 年才被发现的:$n=906\ 150\ 257$."

注　这个反例充分说明,不能随便假定某个猜想是正确的,哪怕它对于很小的数再怎么正确.

12.3　数列递推公式

数列 $a(1)=8,a(2)=55$,并且 $a(n)$ 定义为最小的使得

$$\frac{a(n)}{a(n-1)} > \frac{a(n-1)}{a(n-2)}$$

成立的正整数.

我们来求一求 $a(n)$

8,55,379,2 612,18 002,124 071,855 106,5 893 451,40 618 081,279 942 687,1 929 384 798,13 297 456 486,91 647 010 581,631 637 678 776,4 353 291 555 505,30 003 193 292 641,206 784 130 187 015,1 425 170 850 320 396,9 822 378 297 435 246,…

定义数列

$$b_n = 6k_{n-1} + 7b_{n-2} - 5b_{n-3} - 6b_{n-4}$$

$$b_1 = 8, b_2 = 55, b_3 = 379, b_4 = 2\ 612$$

猜想　对 n 为正整数,$a(n)=b(n)$,这个对 $n<1\ 000$ 可以验证均

成立.

反例 当你在 OEIS 上搜索 8,55,379,2 612,18 002,124 071,855 106,5 893 451,40 618 081 时,会蹦出两个结果(图 12.1):

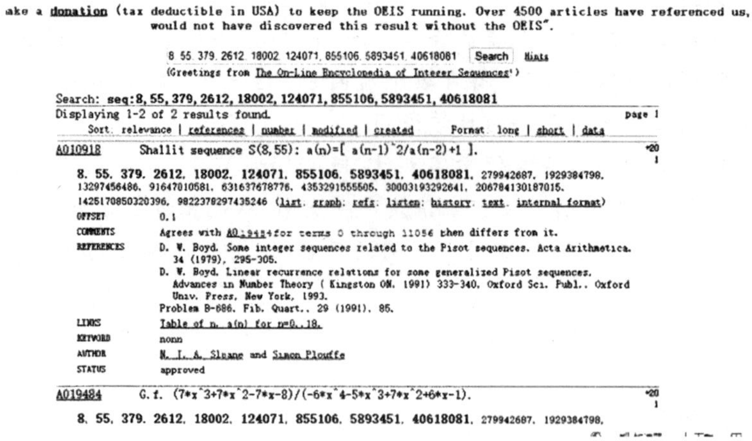

ake a donation (tax deductible in USA) to keep the OEIS running. Over 4500 articles have referenced us,
would not have discovered this result without the OEIS".

8 55 379 2612 18002 124071 855106 5893451 40618081 Search Hints
(Greetings from The On-Line Encyclopedia of Integer Sequences!)

Search: seq:8, 55, 379, 2612, 18002, 124071, 855106, 5893451, 40618081
Displaying 1-2 of 2 results found. page 1
Sort: relevance | references | number | modified | created Format: long | short | data

A010918 Shallit sequence S(8,55): a(n)=[a(n-1)^2/a(n-2)+1]. +20 1

8, 55, 379, 2612, 18002, 124071, 855106, 5893451, 40618081, 279942687, 1929384798, 13297456486, 91647010581, 631637678776, 4353291555505, 30003193292641, 206784130187015, 1425170850320396, 9822378297435246 (list; graph; refs; listen; history; text; internal format)

OFFSET 0,1

COMMENTS Agrees with A019484 for terms 0 through 11056 then differs from it.

REFERENCES D. W. Boyd, Some integer sequences related to the Pisot sequences, Acta Arithmetica, 34 (1979), 295-305.
D. W. Boyd, Linear recurrence relations for some generalized Pisot sequences, Advances in Number Theory (Kingston ON, 1991) 333-340, Oxford Sci. Publ., Oxford Univ. Press, New York, 1993.
Problem B-686, Fib. Quart., 29 (1991), 85.

LINKS Table of n, a(n) for n=0..18.

KEYWORD nonn

AUTHOR N. J. A. Sloane and Simon Plouffe

STATUS approved

A019484 G.f. (7*x^3+7*x^2-7*x-8)/(-6*x^4-5*x^3+7*x^2+6*x-1). +20 1

8, 55, 379, 2612, 18002, 124071, 855106, 5893451, 40618081, 279942687, 1929384798,

图 12.1

在 n 不超过 11 056 时,$a(n)=b(n)$.

但当 $n=11\ 057$ 时,$a(n)!\ =b(n)$.

注 本来想给出两个数列的值,但是发现太大了……

不过可以证明

$$\forall n\in\mathbf{N},a(n)\leqslant b(n)$$

只要注意到 $a(n)$ 定义中的最小性即可,另外 $b(n)$ 的递推公式可由特征方程给出.

之所以会出现不等是因为 k 太大时,$a(k)$ 太大,造成了 $\dfrac{a(n)}{a(n-1)}>\dfrac{a(n-1)}{a(n-2)}$ 中分母过大.

12.4 Perrin 素数

尝试寻找到一个简单而高效的素数生成公式一直是人们的愿望之一,而素数之类的公式若能用简单的数列定义该多好啊!

来看 Perrin 发现的一个数列

$$\begin{cases}a_n=a_{n-2}+a_{n-3},n>2\\a_0=3,a_1=0,a_2=2\end{cases}$$

我们来借助 OEIS 看一下它的值

n	$a(n)$
0	3
1	0
2	2
3	3
4	2
5	5
6	5
7	7
8	10
9	12
10	17
11	22
12	29
13	39
14	51
15	68
16	90
17	119
18	158
19	209
20	277
21	367
22	486
23	644
24	853
25	1 130
26	1 497
27	1 983
28	2 627
29	3 480
30	4 610

好像对于素数 p，均有 $a(p)$ 是 p 的倍数，这件事已经被成功证明了.

反过来，是否有 n 能整除 Perrin 数列的第 n 项 $a(n)$，n 必须是一个素数呢？由上文知道对于不超过 30 的 n 其都是成立的.

猜想　$a(n)$ 是 n 的倍数，当且仅当 n 是一个素数.

事实上，对于 $n < 100\ 000$，猜想均成立.

1899 年，Perrin 本人曾经做过试验，随后 Malo 在 1900 年，Escot

在1901年，以及Jarden在1966年都做过搜索，均未发现任何反例（笔者觉得大多是因为计算机技术当时不发达造成的……）。

反例 直到1982年，Adams和Shanks才发现第一个反例 $n=271\,441$，它等于 521×521，却也能整除 $f(271\,441)$。

事实上，我们有一堆不是素数的 n 使得 $a(n)$ 是 n 的倍数，如

271 441
904 631
16 532 714
24 658 561
27 422 714
27 664 033
46 672 291
102 690 901
130 944 133
196 075 949
214 038 533
517 697 641
545 670 533
801 123 451
855 073 301
903 136 901
970 355 431

求导不难知其有一个实根 ρ，两个共轭复根 α,β，可以用二分法来查找零点，从而估计出 $1<\rho<2$。

由韦达定理给出

$$\begin{cases}\alpha+\beta+\rho=1\\ \alpha\beta+\alpha\rho+\beta\rho=0\\ \alpha\beta\rho=1\end{cases}$$

结合关于 ρ 的估计，我们知道共轭复根 α,β 模均小于1。

设

$$a_n=A\rho^n+B\alpha^n+C\beta^n$$

A,B,C 待定，代入 $n=0,1,2$，结合韦达定理有

$$\begin{cases}A=B=C=1\\ a_n=\rho^n+\alpha^n+\beta^n\end{cases}$$

当 n 充分大时，由于 α, β 模均小于 1，知

$$a_n \approx \rho^n$$

这个公式可以让我们估算大的 a_n. 事实上，由三次方程求根公式有

$$\rho = \frac{\sqrt[3]{108+12\sqrt{69}} + \sqrt[3]{108-12\sqrt{69}}}{6}$$

$$\rho \approx 1.324\,718$$

这是一个著名的常数，称为 Plastic 数.

于是 $a_{2\,015}$ 大概为

1.198 666 134 808 337 803 098 562 743 416 357 340 538 291 690 123 062 961 7…$\times 10^{246}$

注　难道我们就没有数列能生成素数吗？不是的，考虑 $a_n = a_{n-1} + \gcd(n, a_{n-1})$，$a_1 = 7$，gcd 表示最大公约数.

定义

$$d_n = a_{n+1} - a_n$$

n	$d(n)$
1	1
2	1
3	1
4	5
5	3
6	1
7	1
8	1
9	1
10	11
11	3
12	1
13	1
14	1
15	1
16	1
17	1
18	1
19	1
20	1
21	1
22	23

23	3
24	1
25	1
26	1
27	1
28	1
29	1
30	1

那么 d_n 的每一项均为素数.

12.5 费马大定理

费马大定理 当整数 $n>2$ 时,关于 x,y,z 的方程 $x^n+y^n=z^n$ 没有正整数解.

1995年已被怀尔斯证明成立,在这之前有无数关于费马大定理的推广猜想,如欧拉曾经猜想:

对于 k 为不小于2的正整数,当 $n>k$ 时,方程

$$x_1^n+x_2^n+\cdots+x_k^n=y^n$$

都没有正整数解.

当 $k=2$,即为费马大定理,命题成立.

对 $k=3$,也搜索过没有某个 $X_i<10\ 000$ 的正整数解.

看起来命题可能成立,好像我们只需要找到更有力的数学工具,像费马大定理一样去证明它就可以了.

反例 1.当 $k=3$ 时,就有反例:

如 $n=4>3$ 时,方程

$$x^4+y^4+z^4=w^4$$

就有一个正整数解.

如

$$2\ 682\ 440^4+15\ 365\ 639^4+18\ 796\ 760^4=20\ 615\ 673^4$$

1986年由Noam Elkies给出(并且他还给出了非常厉害的构造无限个这个方程的正整数解的方法).

2.另外最早的且最易接受的反例来自:

当 $k=4,n=5$ 时,方程

$$x^5+y^5+z^5+t^5=w^5$$

就有一个正整数解.

如

$$27^5+84^5+110^5+133^5=144^5$$

1966年由Lander与Parkin通过计算机(型号为CDC 6600,如图12.2)给出.(不得不说他们运气也很不错,能够发现一组较小的反例解,如果反例太大,当时的计算机肯定无法完成循环搜索).

图12.2

注　这些反例难道是别人随意就想出来的吗?

数学上,寻找反例并不仅仅是碰运气,很多时候需要结合很多技巧,考虑如果反例出现,那么就研究其需要满足的必要条件,再去寻找到反例.

对于这个问题,擅长计算的欧拉自己也做了研究.他发现了恒等式

$$59^4+158^4=133^4+134^4$$

但是这个不符合方程结构,给不出反例;他也发现了

$$3^3+4^3+5^3=6^3$$

可惜这个是$n=3,k=3$的情况.

我们始终明白这样一个事实:人的计算能力是有限的,所以欧拉虽然能够心算到千位数之间的加、减、乘、除,但是这个反例还是太大了,超过了手工计算的极限.

举个例子,关于方程$x^4+y^4+z^4=w^4$,如果一个个尝试x,y,z,w,就算每一组数据平均只需要10秒计算,要测试x,y,z,w上界到达100万的情况,就至少需要10亿亿秒.

如果1986年的计算机想要跑数据，也并不能够做这么大的四次循环，那么Noam Elkies是怎么给出构造无穷多个反例的方法呢？

他用到了代数曲线上的有理点、模函数等知识，还做了一些分类讨论，化归成了简单一些的情况.

所以这个反例说明了即使寻找反例也要借助较好的数学知识来分析，而不是瞎猜一通.

注 还有一些类似的美妙的恒等式可以用来给出某些类似的方程的解(来自wiki)

$$30^4+120^4+272^4+315^4=353^4 \quad \text{(R. Norrie, 1911)}$$

$$19^5+43^5+46^5+47^5+67^6=72^5 \quad \text{(Lander, Parkin, Selfridge, 1967)}$$

$$127^7+258^7+266^7+413^7+430^7+439^7+525^7=568^7 \quad \text{(M. Dodrill, 1999)}$$

$$90^8+223^8+478^8+524^8+748^8+1\,088^8+1\,190^8+1\,324^8=1\,409^8 \quad \text{(S. Chase, 2000)}$$

第13章

2022 年度"突破奖"数学相关奖项

2021 年 9 月 9 日,2022 年度"突破奖"在旧金山公布.以下是数学相关奖项获得者.

(1) 数学突破奖(1 人)

Takuro Mochizuki(日本京都大学)

获奖理由:做出了重要的工作,这带来了我们对代数簇上具有平直联络丛理论(包括不规则奇点情况)的理解上的突破.

(For monumental work leading to a breakthrough in our understanding of the theory of bundles with flat connections over algebraic varieties,including the case of irregular singularities.)

(2) 数学新视野奖(4 人)

Aaron Brown(美国西北大学)

Sebastian Hurtado Salazar(芝加哥大学)

获奖理由:对 Zimmer 猜想的证明做出贡献.

(For contributions to the proof of Zimmer's conjecture.)

Jack Thorne(剑桥大学)

获奖理由:对代数数论不同领域做出变革性贡献,特别是与 James Newton 合作证明了全纯模新形式的所有对称幂的自同构.

(For transformative contributions to perse areas of algebraic number theory,and in particular for the proof,in collaboration with James Newton,of the automorphy of all symmetric powers of a holomorphic modular newform.)

Jacob Tsimerman(多伦多大学)

获奖理由:在解析数论和算术几何方面的杰出工作,包括在André-Oort和Griffiths猜想上的突破.
(For outstanding work in analytic number theory and arithmetic geometry, including breakthroughs on the André-Oort and Griffiths conjectures.)

(3) 玛丽安·米尔扎哈尼新前沿奖(3人)

Sarah Peluse(普林斯顿大学)

获奖理由:对算术组合学和解析数论做出了贡献,特别是关于稠密集的多项式模式.
(For contributions to arithmetic combinatorics and analytic number theory, particularly with regards to polynomial patterns in dense sets.)

Hong Wang(加州大学洛杉矶分校)

获奖理由:在约束猜想、局部平滑猜想及相关问题上的研究进展.
(For advances on the restriction conjecture, the local smoothing conjecture, and related problems.)

Yilin Wang(麻省理工学院)

获奖理由:对于平面曲线Loewner能的创新性、深远性工作.
(For innovative and far-reaching wotk on the Loewner energy of planar curves.)

刘培杰数学工作室
已出版(即将出版)图书目录——初等数学

书　　名	出版时间	定　价	编号
新编中学数学解题方法全书(高中版)上卷(第2版)	2018-08	58.00	951
新编中学数学解题方法全书(高中版)中卷(第2版)	2018-08	68.00	952
新编中学数学解题方法全书(高中版)下卷(一)(第2版)	2018-08	58.00	953
新编中学数学解题方法全书(高中版)下卷(二)(第2版)	2018-08	58.00	954
新编中学数学解题方法全书(高中版)下卷(三)(第2版)	2018-08	68.00	955
新编中学数学解题方法全书(初中版)上卷	2008-01	28.00	29
新编中学数学解题方法全书(初中版)中卷	2010-07	38.00	75
新编中学数学解题方法全书(高考复习卷)	2010-01	48.00	67
新编中学数学解题方法全书(高考真题卷)	2010-01	38.00	62
新编中学数学解题方法全书(高考精华卷)	2011-03	68.00	118
新编平面解析几何解题方法全书(专题讲座卷)	2010-01	18.00	61
新编中学数学解题方法全书(自主招生卷)	2013-08	88.00	261
数学奥林匹克与数学文化(第一辑)	2006-05	48.00	4
数学奥林匹克与数学文化(第二辑)(竞赛卷)	2008-01	48.00	19
数学奥林匹克与数学文化(第二辑)(文化卷)	2008-07	58.00	36′
数学奥林匹克与数学文化(第三辑)(竞赛卷)	2010-01	48.00	59
数学奥林匹克与数学文化(第四辑)(竞赛卷)	2011-08	58.00	87
数学奥林匹克与数学文化(第五辑)	2015-06	98.00	370
世界著名平面几何经典著作钩沉——几何作图专题卷(共3卷)	2022-01	198.00	1460
世界著名平面几何经典著作钩沉(民国平面几何老课本)	2011-03	38.00	113
世界著名平面几何经典著作钩沉(建国初期平面三角老课本)	2015-08	38.00	507
世界著名解析几何经典著作钩沉——平面解析几何卷	2014-01	38.00	264
世界著名数论经典著作钩沉(算术卷)	2012-01	28.00	125
世界著名数学经典著作钩沉——立体几何卷	2011-02	28.00	88
世界著名三角学经典著作钩沉(平面三角卷Ⅰ)	2010-06	28.00	69
世界著名三角学经典著作钩沉(平面三角卷Ⅱ)	2011-01	38.00	78
世界著名初等数论经典著作钩沉(理论和实用算术卷)	2011-07	38.00	126
世界著名几何经典著作钩沉(解析几何卷)	2022-10	68.00	1564
发展你的空间想象力(第3版)	2021-01	98.00	1464
空间想象力进阶	2019-05	68.00	1062
走向国际数学奥林匹克的平面几何试题诠释.第1卷	2019-07	88.00	1043
走向国际数学奥林匹克的平面几何试题诠释.第2卷	2019-09	78.00	1044
走向国际数学奥林匹克的平面几何试题诠释.第3卷	2019-03	78.00	1045
走向国际数学奥林匹克的平面几何试题诠释.第4卷	2019-09	98.00	1046
平面几何证明方法全书	2007-08	48.00	1
平面几何证明方法全书习题解答(第2版)	2006-12	18.00	10
平面几何天天练上卷·基础篇(直线型)	2013-01	58.00	208
平面几何天天练中卷·基础篇(涉及圆)	2013-01	28.00	234
平面几何天天练下卷·提高篇	2013-01	58.00	237
平面几何专题研究	2013-07	98.00	258
平面几何解题之道.第1卷	2022-05	38.00	1494
几何学习题集	2020-10	48.00	1217
通过解题学习代数几何	2021-04	88.00	1301
圆锥曲线的奥秘	2022-06	88.00	1541

刘培杰数学工作室
已出版(即将出版)图书目录——初等数学

书　　名	出版时间	定　价	编号
最新世界各国数学奥林匹克中的平面几何试题	2007－09	38.00	14
数学竞赛平面几何典型题及新颖解	2010－07	48.00	74
初等数学复习及研究(平面几何)	2008－09	68.00	38
初等数学复习及研究(立体几何)	2010－06	38.00	71
初等数学复习及研究(平面几何)习题解答	2009－01	58.00	42
几何学教程(平面几何卷)	2011－03	68.00	90
几何学教程(立体几何卷)	2011－07	68.00	130
几何变换与几何证题	2010－06	88.00	70
计算方法与几何证题	2011－06	28.00	129
立体几何技巧与方法(第 2 版)	2022－10	168.00	1572
几何瑰宝——平面几何 500 名题暨 1500 条定理(上、下)	2021－07	168.00	1358
三角形的解法与应用	2012－07	18.00	183
近代的三角形几何学	2012－07	48.00	184
一般折线几何学	2015－08	48.00	503
三角形的五心	2009－06	28.00	51
三角形的六心及其应用	2015－10	68.00	542
三角形趣谈	2012－08	28.00	212
解三角形	2014－01	28.00	265
探秘三角形:一次数学旅行	2021－10	68.00	1387
三角学专门教程	2014－09	28.00	387
图天下几何新题试卷.初中(第 2 版)	2017－11	58.00	855
圆锥曲线习题集(上册)	2013－06	68.00	255
圆锥曲线习题集(中册)	2015－01	78.00	434
圆锥曲线习题集(下册·第 1 卷)	2016－10	78.00	683
圆锥曲线习题集(下册·第 2 卷)	2018－01	98.00	853
圆锥曲线习题集(下册·第 3 卷)	2019－10	128.00	1113
圆锥曲线的思想方法	2021－08	48.00	1379
圆锥曲线的八个主要问题	2021－10	48.00	1415
论九点圆	2015－05	88.00	645
论圆的几何学	2024－06	48.00	1736
近代欧氏几何学	2012－03	48.00	162
罗巴切夫斯基几何学及几何基础概要	2012－07	28.00	188
罗巴切夫斯基几何学初步	2015－06	28.00	474
用三角、解析几何、复数、向量计算解数学竞赛几何题	2015－03	48.00	455
用解析法研究圆锥曲线的几何理论	2022－05	48.00	1495
美国中学几何教程	2015－04	88.00	458
三线坐标与三角形特征点	2015－04	98.00	460
坐标几何学基础.第 1 卷,笛卡儿坐标	2021－08	48.00	1398
坐标几何学基础.第 2 卷,三线坐标	2021－09	28.00	1399
平面解析几何方法与研究(第 1 卷)	2015－05	28.00	471
平面解析几何方法与研究(第 2 卷)	2015－06	38.00	472
平面解析几何方法与研究(第 3 卷)	2015－07	28.00	473
解析几何研究	2015－01	38.00	425
解析几何学教程.上	2016－01	38.00	574
解析几何学教程.下	2016－01	38.00	575
几何学基础	2016－01	58.00	581
初等几何研究	2015－02	58.00	444
十九和二十世纪欧氏几何学中的片段	2017－01	58.00	696
平面几何中考.高考.奥数一本通	2017－07	28.00	820
几何学简史	2017－08	28.00	833
四面体	2018－01	48.00	880
平面几何证明方法思路	2018－12	68.00	913
折纸中的几何练习	2022－09	48.00	1559
中学新几何学(英文)	2022－10	98.00	1562
线性代数与几何	2023－04	68.00	1633

刘培杰数学工作室
已出版(即将出版)图书目录——初等数学

书　　名	出版时间	定　价	编号
四面体几何学引论	2023—06	68.00	1648
平面几何图形特性新析.上篇	2019—01	68.00	911
平面几何图形特性新析.下篇	2018—06	88.00	912
平面几何范例多解探究.上篇	2018—04	48.00	910
平面几何范例多解探究.下篇	2018—12	68.00	914
从分析解题过程学解题:竞赛中的几何问题研究	2018—07	68.00	946
从分析解题过程学解题:竞赛中的向量几何与不等式研究(全2册)	2019—06	138.00	1090
从分析解题过程学解题:竞赛中的不等式问题	2021—01	48.00	1249
二维、三维欧氏几何的对偶原理	2018—12	38.00	990
星形大观及闭折线论	2019—03	68.00	1020
立体几何的问题和方法	2019—11	58.00	1127
三角代换论	2021—05	58.00	1313
俄罗斯平面几何问题集	2009—08	88.00	55
俄罗斯立体几何问题集	2014—03	58.00	283
俄罗斯几何大师——沙雷金论数学及其他	2014—01	48.00	271
来自俄罗斯的5000道几何习题及解答	2011—03	58.00	89
俄罗斯初等数学问题集	2012—05	38.00	177
俄罗斯函数问题集	2011—03	38.00	103
俄罗斯组合分析问题集	2011—01	48.00	79
俄罗斯初等数学万题选——三角卷	2012—11	38.00	222
俄罗斯初等数学万题选——代数卷	2013—08	68.00	225
俄罗斯初等数学万题选——几何卷	2014—01	68.00	226
俄罗斯《量子》杂志数学征解问题100题选	2018—08	48.00	969
俄罗斯《量子》杂志数学征解问题又100题选	2018—08	48.00	970
俄罗斯《量子》杂志数学征解问题	2020—05	48.00	1138
463个俄罗斯几何老问题	2012—01	28.00	152
《量子》数学短文精粹	2018—09	38.00	972
用三角、解析几何等计算解来自俄罗斯的几何题	2019—11	88.00	1119
基谢廖夫平面几何	2022—01	48.00	1461
基谢廖夫立体几何	2023—04	48.00	1599
数学:代数、数学分析和几何(10—11年级)	2021—01	48.00	1250
直观几何学:5—6年级	2022—04	58.00	1508
几何学:第2版.7—9年级	2023—08	68.00	1684
平面几何:9—11年级	2022—10	48.00	1571
立体几何.10—11年级	2022—01	58.00	1472
几何快递	2024—05	48.00	1697

谈谈素数	2011—03	18.00	91
平方和	2011—03	18.00	92
整数论	2011—05	38.00	120
从整数谈起	2015—10	28.00	538
数与多项式	2016—01	38.00	558
谈谈不定方程	2011—05	28.00	119
质数漫谈	2022—07	68.00	1529

解析不等式新论	2009—06	68.00	48
建立不等式的方法	2011—03	98.00	104
数学奥林匹克不等式研究(第2版)	2020—07	68.00	1181
不等式研究(第三辑)	2023—08	198.00	1673
不等式的秘密(第一卷)(第2版)	2014—02	38.00	286
不等式的秘密(第二卷)	2014—01	38.00	268
初等不等式的证明方法	2010—06	38.00	123
初等不等式的证明方法(第二版)	2014—11	38.00	407
不等式・理论・方法(基础卷)	2015—07	38.00	496
不等式・理论・方法(经典不等式卷)	2015—07	38.00	497
不等式・理论・方法(特殊类型不等式卷)	2015—07	48.00	498
不等式探究	2016—03	38.00	582
不等式探秘	2017—01	88.00	689

刘培杰数学工作室
已出版(即将出版)图书目录——初等数学

书　　名	出版时间	定　价	编号
四面体不等式	2017—01	68.00	715
数学奥林匹克中常见重要不等式	2017—09	38.00	845
三正弦不等式	2018—09	98.00	974
函数方程与不等式:解法与稳定性结果	2019—04	68.00	1058
数学不等式.第1卷,对称多项式不等式	2022—05	78.00	1455
数学不等式.第2卷,对称有理不等式与对称无理不等式	2022—05	88.00	1456
数学不等式.第3卷,循环不等式与非循环不等式	2022—05	88.00	1457
数学不等式.第4卷,Jensen不等式的扩展与加细	2022—05	88.00	1458
数学不等式.第5卷,创建不等式与解不等式的其他方法	2022—05	88.00	1459
不定方程及其应用.上	2018—12	58.00	992
不定方程及其应用.中	2019—01	78.00	993
不定方程及其应用.下	2019—02	98.00	994
Nesbitt不等式加强式的研究	2022—06	128.00	1527
最值定理与分析不等式	2023—02	78.00	1567
一类积分不等式	2023—02	88.00	1579
邦费罗尼不等式及概率应用	2023—05	58.00	1637

同余理论	2012—05	38.00	163
[x]与{x}	2015—04	48.00	476
极值与最值.上卷	2015—06	28.00	486
极值与最值.中卷	2015—06	38.00	487
极值与最值.下卷	2015—06	28.00	488
整数的性质	2012—11	38.00	192
完全平方数及其应用	2015—08	78.00	506
多项式理论	2015—10	88.00	541
奇数、偶数、奇偶分析法	2018—01	98.00	876

历届美国中学生数学竞赛试题及解答(第一卷)1950—1954	2014—07	18.00	277
历届美国中学生数学竞赛试题及解答(第二卷)1955—1959	2014—04	18.00	278
历届美国中学生数学竞赛试题及解答(第三卷)1960—1964	2014—06	18.00	279
历届美国中学生数学竞赛试题及解答(第四卷)1965—1969	2014—04	28.00	280
历届美国中学生数学竞赛试题及解答(第五卷)1970—1972	2014—06	18.00	281
历届美国中学生数学竞赛试题及解答(第六卷)1973—1980	2017—07	18.00	768
历届美国中学生数学竞赛试题及解答(第七卷)1981—1986	2015—01	18.00	424
历届美国中学生数学竞赛试题及解答(第八卷)1987—1990	2017—05	18.00	769

历届国际数学奥林匹克试题集	2023—09	158.00	1701
历届中国数学奥林匹克试题集(第3版)	2021—10	58.00	1440
历届加拿大数学奥林匹克试题集	2012—08	38.00	215
历届美国数学奥林匹克试题集	2023—08	98.00	1681
历届波兰数学竞赛试题集.第1卷,1949~1963	2015—03	18.00	453
历届波兰数学竞赛试题集.第2卷,1964~1976	2015—03	18.00	454
历届巴尔干数学奥林匹克试题集	2015—05	38.00	466
历届CGMO试题及解答	2024—03	48.00	1717
保加利亚数学奥林匹克	2014—10	38.00	393
圣彼得堡数学奥林匹克试题集	2015—01	38.00	429
匈牙利奥林匹克数学竞赛题解.第1卷	2016—05	28.00	593
匈牙利奥林匹克数学竞赛题解.第2卷	2016—05	28.00	594
历届美国数学邀请赛试题集(第2版)	2017—10	78.00	851
全美高中数学竞赛:纽约州数学竞赛(1989—1994)	2024—08	48.00	1740
普林斯顿大学数学竞赛	2016—06	38.00	669
亚太地区数学奥林匹克竞赛题	2015—07	18.00	492
日本历届(初级)广中杯数学竞赛试题及解答.第1卷(2000~2007)	2016—05	28.00	641
日本历届(初级)广中杯数学竞赛试题及解答.第2卷(2008~2015)	2016—05	38.00	642
越南数学奥林匹克题选:1962—2009	2021—07	48.00	1370
欧洲女子数学奥林匹克	2024—04	48.00	1723
360个数学竞赛问题	2016—08	58.00	677

刘培杰数学工作室
已出版(即将出版)图书目录——初等数学

书　　名	出版时间	定　价	编号
奥数最佳实战题.上卷	2017－06	38.00	760
奥数最佳实战题.下卷	2017－05	58.00	761
解决问题的策略	2024－08	48.00	1742
哈尔滨市早期中学数学竞赛试题汇编	2016－07	28.00	672
全国高中数学联赛试题及解答:1981—2019(第4版)	2020－07	138.00	1176
2024年全国高中数学联合竞赛模拟题集	2024－01	38.00	1702
20世纪50年代全国部分城市数学竞赛试题汇编	2017－07	28.00	797
国内外数学竞赛题及精解:2018～2019	2020－08	45.00	1192
国内外数学竞赛题及精解:2019～2020	2021－11	58.00	1439
许康华竞赛优学精选集.第一辑	2018－08	68.00	949
天问叶班数学问题征解100题.Ⅰ,2016－2018	2019－05	88.00	1075
天问叶班数学问题征解100题.Ⅱ,2017－2019	2020－07	98.00	1177
美国初中数学竞赛:AMC8准备(共6卷)	2019－07	138.00	1089
美国高中数学竞赛:AMC10准备(共6卷)	2019－08	158.00	1105
王连笑教你怎样学数学:高考选择题解题策略与客观题实用训练	2014－01	48.00	262
王连笑教你怎样学数学:高考数学高层次讲座	2015－02	48.00	432
高考数学的理论与实践	2009－08	38.00	53
高考数学核心题型解题方法与技巧	2010－01	28.00	86
高考思维新平台	2014－03	38.00	259
高考数学压轴题解题诀窍(上)(第2版)	2018－01	58.00	874
高考数学压轴题解题诀窍(下)(第2版)	2018－01	48.00	875
突破高考数学新定义创新压轴题	2024－08	88.00	1741
北京市五区文科数学三年高考模拟题详解:2013～2015	2015－08	48.00	500
北京市五区理科数学三年高考模拟题详解:2013～2015	2015－09	68.00	505
向量法巧解数学高考题	2009－08	28.00	54
高中数学课堂教学的实践与反思	2021－11	48.00	791
数学高考参考	2016－01	78.00	589
新课程标准高考数学解答题各种题型解法指导	2020－08	78.00	1196
全国及各省市高考数学试题审题要津与解法研究	2015－02	48.00	450
高中数学章节起始课的教学研究与案例设计	2019－05	28.00	1064
新课标高考数学——五年试题分章详解(2007～2011)(上、下)	2011－10	78.00	140,141
全国中考数学压轴题审题要津与解法研究	2013－04	78.00	248
新编全国及各省市中考数学压轴题审题要津与解法研究	2014－05	58.00	342
全国及各省市5年中考数学压轴题审题要津与解法研究(2015版)	2015－04	58.00	462
中考数学专题总复习	2007－04	28.00	6
中考数学较难题常考题型解题方法与技巧	2016－09	48.00	681
中考数学难题常考题型解题方法与技巧	2016－09	48.00	682
中考数学中档题常考题型解题方法与技巧	2017－08	68.00	835
中考数学选择填空压轴好题妙解365	2024－01	80.00	1698
中考数学:三类重点考题的解法例析与习题	2020－04	48.00	1140
中小学数学的历史文化	2019－11	48.00	1124
小升初衔接数学	2024－06	68.00	1734
赢在小升初——数学	2024－08	78.00	1739
初中平面几何百题多思创新解	2020－01	58.00	1125
初中数学中考备考	2020－01	58.00	1126
高考数学之九章演义	2019－08	68.00	1044
高考数学之难题谈笑间	2022－06	68.00	1519
化学可以这样学:高中化学知识方法智慧感悟疑难辨析	2019－07	58.00	1103
如何成为学习高手	2019－09	58.00	1107
高考数学:经典真题分类解析	2020－04	78.00	1134
高考数学解答题破解策略	2020－11	58.00	1221
从分析解题过程学解题:高考压轴题与竞赛题之关系探究	2020－08	88.00	1179
从分析解题过程学解题:数学高考与竞赛的互联互通探究	2024－06	88.00	1735
教学新思考:单元整体视角下的初中数学教学设计	2021－03	58.00	1278
思维再拓展:2020年经典几何题的多解探究与思考	即将出版		1279
中考数学小压轴汇编初讲	2017－07	48.00	788
中考数学大压轴专题微言	2017－09	48.00	846

刘培杰数学工作室
已出版(即将出版)图书目录——初等数学

书　　名	出版时间	定　价	编号
怎么解中考平面几何探索题	2019－06	48.00	1093
北京中考数学压轴题解题方法突破(第 9 版)	2024－01	78.00	1645
助你高考成功的数学解题智慧:知识是智慧的基础	2016－01	58.00	596
助你高考成功的数学解题智慧:错误是智慧的试金石	2016－04	58.00	643
助你高考成功的数学解题智慧:方法是智慧的推手	2016－04	68.00	657
高考数学奇思妙解	2016－04	38.00	610
高考数学解题策略	2016－05	48.00	670
数学解题泄天机(第 2 版)	2017－10	48.00	850
高中物理教学讲义	2018－01	48.00	871
高中物理教学讲义:全模块	2022－03	98.00	1492
高中物理答疑解惑 65 篇	2021－11	48.00	1462
中学物理基础问题解析	2020－08	48.00	1183
初中数学、高中数学脱节知识补缺教材	2017－06	48.00	766
高考数学客观题解题方法和技巧	2017－10	38.00	847
十年高考数学精品试题审题要津与解法研究	2021－10	98.00	1427
中国历届高考数学试题及解答.1949－1979	2018－01	38.00	877
历届中国高考数学试题及解答.第二卷,1980—1989	2018－10	28.00	975
历届中国高考数学试题及解答.第三卷,1990—1999	2018－10	48.00	976
跟我学解高中数学题	2018－07	58.00	926
中学数学研究的方法及案例	2018－05	58.00	869
高考数学抢分技能	2018－07	68.00	934
高一新生常用数学方法和重要数学思想提升教材	2018－06	38.00	921
高考数学全国卷六道解答题常考题型解题诀窍:理科(全 2 册)	2019－07	78.00	1101
高考数学全国卷 16 道选择、填空题常考题型解题诀窍.理科	2018－09	88.00	971
高考数学全国卷 16 道选择、填空题常考题型解题诀窍.文科	2020－01	88.00	1123
高中数学一题多解	2019－06	58.00	1087
历届中国高考数学试题及解答:1917－1999	2021－08	98.00	1371
2000～2003 年全国及各省市高考数学试题及解答	2022－05	88.00	1499
2004 年全国及各省市高考数学试题及解答	2023－08	78.00	1500
2005 年全国及各省市高考数学试题及解答	2023－08	78.00	1501
2006 年全国及各省市高考数学试题及解答	2023－08	88.00	1502
2007 年全国及各省市高考数学试题及解答	2023－08	98.00	1503
2008 年全国及各省市高考数学试题及解答	2023－08	88.00	1504
2009 年全国及各省市高考数学试题及解答	2023－08	88.00	1505
2010 年全国及各省市高考数学试题及解答	2023－08	98.00	1506
2011～2017 年全国及各省市高考数学试题及解答	2024－01	78.00	1507
2018～2023 年全国及各省市高考数学试题及解答	2024－03	78.00	1709
突破高原:高中数学解题思维探究	2021－08	48.00	1375
高考数学中的“取值范围”	2021－10	48.00	1429
新课程标准高中数学各种题型解法大全.必修一分册	2021－06	58.00	1315
新课程标准高中数学各种题型解法大全.必修二分册	2022－01	68.00	1471
高中数学各种题型解法大全.选择性必修一分册	2022－06	68.00	1525
高中数学各种题型解法大全.选择性必修二分册	2023－01	58.00	1600
高中数学各种题型解法大全.选择性必修三分册	2023－04	48.00	1643
高中数学专题研究	2024－05	88.00	1722
历届全国初中数学竞赛经典试题详解	2023－04	88.00	1624
孟祥礼高考数学精刷精解	2023－06	98.00	1663

新编 640 个世界著名数学智力趣题	2014－01	88.00	242
500 个最新世界著名数学智力趣题	2008－06	48.00	3
400 个最新世界著名数学最值问题	2008－09	48.00	36
500 个世界著名数学征解问题	2009－06	48.00	52
400 个中国最佳初等数学征解老问题	2010－01	48.00	60
500 个俄罗斯数学经典老题	2011－01	28.00	81
1000 个国外中学物理好题	2012－04	48.00	174
300 个日本高考数学题	2012－05	38.00	142
700 个早期日本高考数学试题	2017－02	88.00	752

刘培杰数学工作室
已出版(即将出版)图书目录——初等数学

书　　名	出版时间	定　价	编号
500 个前苏联早期高考数学试题及解答	2012—05	28.00	185
546 个早期俄罗斯大学生数学竞赛题	2014—03	38.00	285
548 个来自美苏的数学好问题	2014—11	28.00	396
20 所苏联著名大学早期入学试题	2015—02	18.00	452
161 道德国工科大学生必做的微分方程习题	2015—05	28.00	469
500 个德国工科大学生必做的高数习题	2015—06	28.00	478
360 个数学竞赛问题	2016—08	58.00	677
200 个趣味数学故事	2018—02	48.00	857
470 个数学奥林匹克中的最值问题	2018—10	88.00	985
德国讲义日本考题.微积分卷	2015—04	48.00	456
德国讲义日本考题.微分方程卷	2015—04	38.00	457
二十世纪中叶中、英、美、日、法、俄高考数学试题精选	2017—06	38.00	783

中国初等数学研究　2009 卷(第 1 辑)	2009—05	20.00	45
中国初等数学研究　2010 卷(第 2 辑)	2010—05	30.00	68
中国初等数学研究　2011 卷(第 3 辑)	2011—07	60.00	127
中国初等数学研究　2012 卷(第 4 辑)	2012—07	48.00	190
中国初等数学研究　2014 卷(第 5 辑)	2014—02	48.00	288
中国初等数学研究　2015 卷(第 6 辑)	2015—06	68.00	493
中国初等数学研究　2016 卷(第 7 辑)	2016—04	68.00	609
中国初等数学研究　2017 卷(第 8 辑)	2017—01	98.00	712

初等数学研究在中国.第 1 辑	2019—03	158.00	1024
初等数学研究在中国.第 2 辑	2019—10	158.00	1116
初等数学研究在中国.第 3 辑	2021—05	158.00	1306
初等数学研究在中国.第 4 辑	2022—06	158.00	1520
初等数学研究在中国.第 5 辑	2023—07	158.00	1635

几何变换(Ⅰ)	2014—07	28.00	353
几何变换(Ⅱ)	2015—06	28.00	354
几何变换(Ⅲ)	2015—01	38.00	355
几何变换(Ⅳ)	2015—12	38.00	356

初等数论难题集(第一卷)	2009—05	68.00	44
初等数论难题集(第二卷)(上、下)	2011—02	128.00	82,83
数论概貌	2011—03	18.00	93
代数数论(第二版)	2013—08	58.00	94
代数多项式	2014—06	38.00	289
初等数论的知识与问题	2011—02	28.00	95
超越数论基础	2011—03	28.00	96
数论初等教程	2011—03	28.00	97
数论基础	2011—03	18.00	98
数论基础与维诺格拉多夫	2014—03	18.00	292
解析数论基础	2012—08	28.00	216
解析数论基础(第二版)	2014—01	48.00	287
解析数论问题集(第二版)(原版引进)	2014—05	88.00	343
解析数论问题集(第二版)(中译本)	2016—04	88.00	607
解析数论基础(潘承洞,潘承彪著)	2016—07	98.00	673
解析数论导引	2016—07	58.00	674
数论入门	2011—03	38.00	99
代数数论入门	2015—03	38.00	448

刘培杰数学工作室
已出版(即将出版)图书目录——初等数学

书　　名	出版时间	定　价	编号
数论开篇	2012-07	28.00	194
解析数论引论	2011-03	48.00	100
Barban Davenport Halberstam 均值和	2009-01	40.00	33
基础数论	2011-03	28.00	101
初等数论 100 例	2011-05	18.00	122
初等数论经典例题	2012-07	18.00	204
最新世界各国数学奥林匹克中的初等数论试题(上、下)	2012-01	138.00	144,145
初等数论(Ⅰ)	2012-01	18.00	156
初等数论(Ⅱ)	2012-01	18.00	157
初等数论(Ⅲ)	2012-01	28.00	158
平面几何与数论中未解决的新老问题	2013-01	68.00	229
代数数论简史	2014-11	28.00	408
代数数论	2015-09	88.00	532
代数、数论及分析习题集	2016-11	98.00	695
数论导引提要及习题解答	2016-01	48.00	559
素数定理的初等证明.第 2 版	2016-09	48.00	686
数论中的模函数与狄利克雷级数(第二版)	2017-11	78.00	837
数论:数学导引	2018-01	68.00	849
范氏大代数	2019-02	98.00	1016
解析数学讲义.第一卷,导来式及微分、积分、级数	2019-04	88.00	1021
解析数学讲义.第二卷,关于几何的应用	2019-04	68.00	1022
解析数学讲义.第三卷,解析函数论	2019-04	78.00	1023
分析·组合·数论纵横谈	2019-04	58.00	1039
Hall 代数:民国时期的中学数学课本:英文	2019-08	88.00	1106
基谢廖夫初等代数	2022-07	38.00	1531
基谢廖夫算术	2024-05	48.00	1725

数学精神巡礼	2019-01	58.00	731
数学眼光透视(第 2 版)	2017-06	78.00	732
数学思想领悟(第 2 版)	2018-01	68.00	733
数学方法溯源(第 2 版)	2018-08	68.00	734
数学解题引论	2017-05	58.00	735
数学史话览胜(第 2 版)	2017-01	48.00	736
数学应用展观(第 2 版)	2017-08	68.00	737
数学建模尝试	2018-04	48.00	738
数学竞赛采风	2018-01	68.00	739
数学测评探营	2019-05	58.00	740
数学技能操握	2018-03	48.00	741
数学欣赏拾趣	2018-02	48.00	742

从毕达哥拉斯到怀尔斯	2007-10	48.00	9
从迪利克雷到维斯卡尔迪	2008-01	48.00	21
从哥德巴赫到陈景润	2008-05	98.00	35
从庞加莱到佩雷尔曼	2011-08	138.00	136

博弈论精粹	2008-03	58.00	30
博弈论精粹.第二版(精装)	2015-01	88.00	461
数学 我爱你	2008-01	28.00	20
精神的圣徒　别样的人生——60 位中国数学家成长的历程	2008-09	48.00	39
数学史概论	2009-06	78.00	50

刘培杰数学工作室
已出版(即将出版)图书目录——初等数学

书　　名	出版时间	定　价	编号
数学史概论(精装)	2013—03	158.00	272
数学史选讲	2016—01	48.00	544
斐波那契数列	2010—02	28.00	65
数学拼盘和斐波那契魔方	2010—07	38.00	72
斐波那契数列欣赏(第2版)	2018—08	58.00	948
Fibonacci 数列中的明珠	2018—06	58.00	928
数学的创造	2011—02	48.00	85
数学美与创造力	2016—01	48.00	595
数海拾贝	2016—01	48.00	590
数学中的美(第2版)	2019—04	68.00	1057
数论中的美学	2014—12	38.00	351
数学王者　科学巨人——高斯	2015—01	28.00	428
振兴祖国数学的圆梦之旅:中国初等数学研究史话	2015—06	98.00	490
二十世纪中国数学史料研究	2015—10	48.00	536
《九章算法比类大全》校注	2024—06	198.00	1695
数字谜、数阵图与棋盘覆盖	2016—01	58.00	298
数学概念的进化:一个初步的研究	2023—07	68.00	1683
数学发现的艺术:数学探索中的合情推理	2016—07	58.00	671
活跃在数学中的参数	2016—07	48.00	675
数海趣史	2021—05	98.00	1314
玩转幻中之幻	2023—08	88.00	1682
数学艺术品	2023—09	98.00	1685
数学博弈与游戏	2023—10	68.00	1692
数学解题——靠数学思想给力(上)	2011—07	38.00	131
数学解题——靠数学思想给力(中)	2011—07	48.00	132
数学解题——靠数学思想给力(下)	2011—07	38.00	133
我怎样解题	2013—01	48.00	227
数学解题中的物理方法	2011—06	28.00	114
数学解题的特殊方法	2011—06	48.00	115
中学数学计算技巧(第2版)	2020—10	48.00	1220
中学数学证明方法	2012—01	58.00	117
数学趣题巧解	2012—03	28.00	128
高中数学教学通鉴	2015—05	58.00	479
和高中生漫谈:数学与哲学的故事	2014—08	28.00	369
算术问题集	2017—03	38.00	789
张教授讲数学	2018—07	38.00	933
陈永明实话实说数学教学	2020—04	68.00	1132
中学数学学科知识与教学能力	2020—06	58.00	1155
怎样把课讲好:大罕数学教学随笔	2022—03	58.00	1484
中国高考评价体系下高考数学探秘	2022—03	48.00	1487
数苑漫步	2024—01	58.00	1670
自主招生考试中的参数方程问题	2015—01	28.00	435
自主招生考试中的极坐标问题	2015—04	28.00	463
近年全国重点大学自主招生数学试题全解及研究.华约卷	2015—02	38.00	441
近年全国重点大学自主招生数学试题全解及研究.北约卷	2016—05	38.00	619
自主招生数学解证宝典	2015—09	48.00	535
中国科学技术大学创新班数学真题解析	2022—03	48.00	1488
中国科学技术大学创新班物理真题解析	2022—03	58.00	1489
格点和面积	2012—07	18.00	191
射影几何趣谈	2012—04	28.00	175
斯潘纳尔引理——从一道加拿大数学奥林匹克试题谈起	2014—01	28.00	228
李普希兹条件——从几道近年高考数学试题谈起	2012—10	18.00	221
拉格朗日中值定理——从一道北京高考试题的解法谈起	2015—10	18.00	197

刘培杰数学工作室
已出版(即将出版)图书目录——初等数学

书　　名	出版时间	定　价	编号
闵科夫斯基定理——从一道清华大学自主招生试题谈起	2014-01	28.00	198
哈尔测度——从一道冬令营试题的背景谈起	2012-08	28.00	202
切比雪夫逼近问题——从一道中国台北数学奥林匹克试题谈起	2013-04	38.00	238
伯恩斯坦多项式与贝齐尔曲面——从一道全国高中数学联赛试题谈起	2013-03	38.00	236
卡塔兰猜想——从一道普特南竞赛试题谈起	2013-06	18.00	256
麦卡锡函数和阿克曼函数——从一道前南斯拉夫数学奥林匹克试题谈起	2012-08	18.00	201
贝蒂定理与拉姆贝克莫斯尔定理——从一个拣石子游戏谈起	2012-08	18.00	217
皮亚诺曲线和豪斯道夫分球定理——从无限集谈起	2012-08	18.00	211
平面凸图形与凸多面体	2012-10	28.00	218
斯坦因豪斯问题——从一道二十五省市自治区中学数学竞赛试题谈起	2012-07	18.00	196
纽结理论中的亚历山大多项式与琼斯多项式——从一道北京市高一数学竞赛试题谈起	2012-07	28.00	195
原则与策略——从波利亚"解题表"谈起	2013-04	38.00	244
转化与化归——从三大尺规作图不能问题谈起	2012-08	28.00	214
代数几何中的贝祖定理(第一版)——从一道 IMO 试题的解法谈起	2013-08	18.00	193
成功连贯理论与约当块理论——从一道比利时数学竞赛试题谈起	2012-04	18.00	180
素数判定与大数分解	2014-08	18.00	199
置换多项式及其应用	2012-10	18.00	220
椭圆函数与模函数——从一道美国加州大学洛杉矶分校(UCLA)博士资格考题谈起	2012-10	28.00	219
差分方程的拉格朗日方法——从一道 2011 年全国高考理科试题的解法谈起	2012-08	28.00	200
力学在几何中的一些应用	2013-01	38.00	240
从根式解到伽罗华理论	2020-01	48.00	1121
康托洛维奇不等式——从一道全国高中联赛试题谈起	2013-03	28.00	337
西格尔引理——从一道第 18 届 IMO 试题的解法谈起	即将出版		
罗斯定理——从一道前苏联数学竞赛试题谈起	即将出版		
拉克斯定理和阿廷定理——从一道 IMO 试题的解法谈起	2014-01	58.00	246
毕卡大定理——从一道美国大学数学竞赛试题谈起	2014-07	18.00	350
贝齐尔曲线——从一道全国高中联赛试题谈起	即将出版		
拉格朗日乘子定理——从一道 2005 年全国高中联赛试题的高等数学解法谈起	2015-05	28.00	480
雅可比定理——从一道日本数学奥林匹克试题谈起	2013-04	48.00	249
李天岩-约克定理——从一道波兰数学竞赛试题谈起	2014-06	28.00	349
受控理论与初等不等式:从一道 IMO 试题的解法谈起	2023-03	48.00	1601
布劳维不动点定理——从一道前苏联数学奥林匹克试题谈起	2014-01	38.00	273
伯恩赛德定理——从一道英国数学奥林匹克试题谈起	即将出版		
布查特-莫斯特定理——从一道上海市初中竞赛试题谈起	即将出版		
数论中的同余数问题——从一道普特南竞赛试题谈起	即将出版		
范·德蒙行列式——从一道美国数学奥林匹克试题谈起	即将出版		
中国剩余定理:总数法构建中国历史年表	2015-01	28.00	430
牛顿程序与方程求根——从一道全国高考试题解法谈起	即将出版		
库默尔定理——从一道 IMO 预选试题谈起	即将出版		
卢丁定理——从一道冬令营试题的解法谈起	即将出版		
沃斯滕霍姆定理——从一道 IMO 预选试题谈起	即将出版		
卡尔松不等式——从一道莫斯科数学奥林匹克试题谈起	即将出版		
信息论中的香农熵——从一道近年高考压轴题谈起	即将出版		

刘培杰数学工作室
已出版(即将出版)图书目录——初等数学

书　　名	出版时间	定　价	编号
约当不等式——从一道希望杯竞赛试题谈起	即将出版		
拉比诺维奇定理	即将出版		
刘维尔定理——从一道《美国数学月刊》征解问题的解法谈起	即将出版		
卡塔兰恒等式与级数求和——从一道IMO试题的解法谈起	即将出版		
勒让德猜想与素数分布——从一道爱尔兰竞赛试题谈起	即将出版		
天平称重与信息论——从一道基辅市数学奥林匹克试题谈起	即将出版		
哈密尔顿－凯莱定理:从一道高中数学联赛试题的解法谈起	2014－09	18.00	376
艾思特曼定理——从一道CMO试题的解法谈起	即将出版		
阿贝尔恒等式与经典不等式及应用	2018－06	98.00	923
迪利克雷除数问题	2018－07	48.00	930
幻方、幻立方与拉丁方	2019－08	48.00	1092
帕斯卡三角形	2014－03	18.00	294
蒲丰投针问题——从2009年清华大学的一道自主招生试题谈起	2014－01	38.00	295
斯图姆定理——从一道"华约"自主招生试题的解法谈起	2014－01	18.00	296
许瓦兹引理——从一道加利福尼亚大学伯克利分校数学系博士生试题谈起	2014－08	18.00	297
拉姆塞定理——从王诗宬院士的一个问题谈起	2016－04	48.00	299
坐标法	2013－12	28.00	332
数论三角形	2014－04	38.00	341
毕克定理	2014－07	18.00	352
数林掠影	2014－09	48.00	389
我们周围的概率	2014－10	38.00	390
凸函数最值定理:从一道华约自主招生题的解法谈起	2014－10	28.00	391
易学与数学奥林匹克	2014－10	38.00	392
生物数学趣谈	2015－01	18.00	409
反演	2015－01	28.00	420
因式分解与圆锥曲线	2015－01	18.00	426
轨迹	2015－01	28.00	427
面积原理:从常庚哲命的一道CMO试题的积分解法谈起	2015－01	48.00	431
形形色色的不动点定理:从一道28届IMO试题谈起	2015－01	38.00	439
柯西函数方程:从一道上海交大自主招生的试题谈起	2015－02	28.00	440
三角恒等式	2015－02	28.00	442
无理性判定:从一道2014年"北约"自主招生试题谈起	2015－01	38.00	443
数学归纳法	2015－03	18.00	451
极端原理与解题	2015－04	28.00	464
法雷级数	2014－08	18.00	367
摆线族	2015－01	38.00	438
函数方程及其解法	2015－05	38.00	470
含参数的方程和不等式	2012－09	28.00	213
希尔伯特第十问题	2016－01	38.00	543
无穷小量的求和	2016－01	28.00	545
切比雪夫多项式:从一道清华大学金秋营试题谈起	2016－01	38.00	583
泽肯多夫定理	2016－03	38.00	599
代数等式证题法	2016－01	28.00	600
三角等式证题法	2016－01	28.00	601
吴大任教授藏书中的一个因式分解公式:从一道美国数学邀请赛试题的解法谈起	2016－06	28.00	656
易卦——类万物的数学模型	2017－08	68.00	838
"不可思议"的数与数系可持续发展	2018－01	38.00	878
最短线	2018－01	38.00	879
数学在天文、地理、光学、机械力学中的一些应用	2023－03	88.00	1576
从阿基米德三角形谈起	2023－01	28.00	1578

刘培杰数学工作室
已出版(即将出版)图书目录——初等数学

书　　名	出版时间	定　价	编号
幻方和魔方(第一卷)	2012—05	68.00	173
尘封的经典——初等数学经典文献选读(第一卷)	2012—07	48.00	205
尘封的经典——初等数学经典文献选读(第二卷)	2012—07	38.00	206
初级方程式论	2011—03	28.00	106
初等数学研究(Ⅰ)	2008—09	68.00	37
初等数学研究(Ⅱ)(上、下)	2009—05	118.00	46,47
初等数学专题研究	2022—10	68.00	1568
趣味初等方程妙题集锦	2014—09	48.00	388
趣味初等数论选美与欣赏	2015—02	48.00	445
耕读笔记(上卷):一位农民数学爱好者的初数探索	2015—04	28.00	459
耕读笔记(中卷):一位农民数学爱好者的初数探索	2015—05	28.00	483
耕读笔记(下卷):一位农民数学爱好者的初数探索	2015—05	28.00	484
几何不等式研究与欣赏.上卷	2016—01	88.00	547
几何不等式研究与欣赏.下卷	2016—01	48.00	552
初等数列研究与欣赏・上	2016—01	48.00	570
初等数列研究与欣赏・下	2016—01	48.00	571
趣味初等函数研究与欣赏.上	2016—09	48.00	684
趣味初等函数研究与欣赏.下	2018—09	48.00	685
三角不等式研究与欣赏	2020—10	68.00	1197
新编平面解析几何解题方法研究与欣赏	2021—10	78.00	1426
火柴游戏(第2版)	2022—05	38.00	1493
智力解谜.第1卷	2017—07	38.00	613
智力解谜.第2卷	2017—07	38.00	614
故事智力	2016—07	48.00	615
名人们喜欢的智力问题	2020—01	48.00	616
数学大师的发现、创造与失误	2018—01	48.00	617
异曲同工	2018—09	48.00	618
数学的味道(第2版)	2023—10	68.00	1686
数学千字文	2018—10	68.00	977
数贝偶拾——高考数学题研究	2014—04	28.00	274
数贝偶拾——初等数学研究	2014—04	38.00	275
数贝偶拾——奥数题研究	2014—04	48.00	276
钱昌本教你快乐学数学(上)	2011—12	48.00	155
钱昌本教你快乐学数学(下)	2012—03	58.00	171
集合、函数与方程	2014—01	28.00	300
数列与不等式	2014—01	38.00	301
三角与平面向量	2014—01	28.00	302
平面解析几何	2014—01	38.00	303
立体几何与组合	2014—01	28.00	304
极限与导数、数学归纳法	2014—01	38.00	305
趣味数学	2014—03	28.00	306
教材教法	2014—04	68.00	307
自主招生	2014—05	58.00	308
高考压轴题(上)	2015—01	48.00	309
高考压轴题(下)	2014—10	68.00	310

刘培杰数学工作室
已出版(即将出版)图书目录——初等数学

书　　名	出版时间	定　价	编号
从费马到怀尔斯——费马大定理的历史	2013－10	198.00	Ⅰ
从庞加莱到佩雷尔曼——庞加莱猜想的历史	2013－10	298.00	Ⅱ
从切比雪夫到爱尔特希(上)——素数定理的初等证明	2013－07	48.00	Ⅲ
从切比雪夫到爱尔特希(下)——素数定理 100 年	2012－12	98.00	Ⅲ
从高斯到盖尔方特——二次域的高斯猜想	2013－10	198.00	Ⅳ
从库默尔到朗兰兹——朗兰兹猜想的历史	2014－01	98.00	Ⅴ
从比勃巴赫到德布朗斯——比勃巴赫猜想的历史	2014－02	298.00	Ⅵ
从麦比乌斯到陈省身——麦比乌斯变换与麦比乌斯带	2014－02	298.00	Ⅶ
从布尔到豪斯道夫——布尔方程与格论漫谈	2013－10	198.00	Ⅷ
从开普勒到阿诺德——三体问题的历史	2014－05	298.00	Ⅸ
从华林到华罗庚——华林问题的历史	2013－10	298.00	Ⅹ

美国高中数学竞赛五十讲．第 1 卷(英文)	2014－08	28.00	357
美国高中数学竞赛五十讲．第 2 卷(英文)	2014－08	28.00	358
美国高中数学竞赛五十讲．第 3 卷(英文)	2014－09	28.00	359
美国高中数学竞赛五十讲．第 4 卷(英文)	2014－09	28.00	360
美国高中数学竞赛五十讲．第 5 卷(英文)	2014－10	28.00	361
美国高中数学竞赛五十讲．第 6 卷(英文)	2014－11	28.00	362
美国高中数学竞赛五十讲．第 7 卷(英文)	2014－12	28.00	363
美国高中数学竞赛五十讲．第 8 卷(英文)	2015－01	28.00	364
美国高中数学竞赛五十讲．第 9 卷(英文)	2015－01	28.00	365
美国高中数学竞赛五十讲．第 10 卷(英文)	2015－02	38.00	366

三角函数(第 2 版)	2017－04	38.00	626
不等式	2014－01	38.00	312
数列	2014－01	38.00	313
方程(第 2 版)	2017－04	38.00	624
排列和组合	2014－01	28.00	315
极限与导数(第 2 版)	2016－04	38.00	635
向量(第 2 版)	2018－08	58.00	627
复数及其应用	2014－08	28.00	318
函数	2014－01	38.00	319
集合	2020－01	48.00	320
直线与平面	2014－01	28.00	321
立体几何(第 2 版)	2016－04	38.00	629
解三角形	即将出版		323
直线与圆(第 2 版)	2016－11	38.00	631
圆锥曲线(第 2 版)	2016－09	48.00	632
解题通法(一)	2014－07	38.00	326
解题通法(二)	2014－07	38.00	327
解题通法(三)	2014－05	38.00	328
概率与统计	2014－01	28.00	329
信息迁移与算法	即将出版		330

刘培杰数学工作室
已出版(即将出版)图书目录——初等数学

书　　名	出版时间	定　价	编号
IMO 50 年. 第 1 卷(1959—1963)	2014—11	28.00	377
IMO 50 年. 第 2 卷(1964—1968)	2014—11	28.00	378
IMO 50 年. 第 3 卷(1969—1973)	2014—09	28.00	379
IMO 50 年. 第 4 卷(1974—1978)	2016—04	38.00	380
IMO 50 年. 第 5 卷(1979—1984)	2015—04	38.00	381
IMO 50 年. 第 6 卷(1985—1989)	2015—04	58.00	382
IMO 50 年. 第 7 卷(1990—1994)	2016—01	48.00	383
IMO 50 年. 第 8 卷(1995—1999)	2016—06	38.00	384
IMO 50 年. 第 9 卷(2000—2004)	2015—04	58.00	385
IMO 50 年. 第 10 卷(2005—2009)	2016—01	48.00	386
IMO 50 年. 第 11 卷(2010—2015)	2017—03	48.00	646
数学反思(2006—2007)	2020—09	88.00	915
数学反思(2008—2009)	2019—01	68.00	917
数学反思(2010—2011)	2018—05	58.00	916
数学反思(2012—2013)	2019—01	58.00	918
数学反思(2014—2015)	2019—03	78.00	919
数学反思(2016—2017)	2021—03	58.00	1286
数学反思(2018—2019)	2023—01	88.00	1593
历届美国大学生数学竞赛试题集. 第一卷(1938—1949)	2015—01	28.00	397
历届美国大学生数学竞赛试题集. 第二卷(1950—1959)	2015—01	28.00	398
历届美国大学生数学竞赛试题集. 第三卷(1960—1969)	2015—01	28.00	399
历届美国大学生数学竞赛试题集. 第四卷(1970—1979)	2015—01	18.00	400
历届美国大学生数学竞赛试题集. 第五卷(1980—1989)	2015—01	28.00	401
历届美国大学生数学竞赛试题集. 第六卷(1990—1999)	2015—01	28.00	402
历届美国大学生数学竞赛试题集. 第七卷(2000—2009)	2015—08	18.00	403
历届美国大学生数学竞赛试题集. 第八卷(2010—2012)	2015—01	18.00	404
新课标高考数学创新题解题诀窍:总论	2014—09	28.00	372
新课标高考数学创新题解题诀窍:必修 1～5 分册	2014—08	38.00	373
新课标高考数学创新题解题诀窍:选修 2—1,2—2,1—1,1—2分册	2014—09	38.00	374
新课标高考数学创新题解题诀窍:选修 2—3,4—4,4—5 分册	2014—09	18.00	375
全国重点大学自主招生英文数学试题全攻略:词汇卷	2015—07	48.00	410
全国重点大学自主招生英文数学试题全攻略:概念卷	2015—01	28.00	411
全国重点大学自主招生英文数学试题全攻略:文章选读卷(上)	2016—09	38.00	412
全国重点大学自主招生英文数学试题全攻略:文章选读卷(下)	2017—01	58.00	413
全国重点大学自主招生英文数学试题全攻略:试题卷	2015—07	38.00	414
全国重点大学自主招生英文数学试题全攻略:名著欣赏卷	2017—03	48.00	415
劳埃德数学趣题大全. 题目卷. 1:英文	2016—01	18.00	516
劳埃德数学趣题大全. 题目卷. 2:英文	2016—01	18.00	517
劳埃德数学趣题大全. 题目卷. 3:英文	2016—01	18.00	518
劳埃德数学趣题大全. 题目卷. 4:英文	2016—01	18.00	519
劳埃德数学趣题大全. 题目卷. 5:英文	2016—01	18.00	520
劳埃德数学趣题大全. 答案卷:英文	2016—01	18.00	521

刘培杰数学工作室
已出版(即将出版)图书目录——初等数学

书　　名	出版时间	定　价	编号
李成章教练奥数笔记.第1卷	2016－01	48.00	522
李成章教练奥数笔记.第2卷	2016－01	48.00	523
李成章教练奥数笔记.第3卷	2016－01	38.00	524
李成章教练奥数笔记.第4卷	2016－01	38.00	525
李成章教练奥数笔记.第5卷	2016－01	38.00	526
李成章教练奥数笔记.第6卷	2016－01	38.00	527
李成章教练奥数笔记.第7卷	2016－01	38.00	528
李成章教练奥数笔记.第8卷	2016－01	48.00	529
李成章教练奥数笔记.第9卷	2016－01	28.00	530
第19～23届"希望杯"全国数学邀请赛试题审题要津详细评注(初一版)	2014－03	28.00	333
第19～23届"希望杯"全国数学邀请赛试题审题要津详细评注(初二、初三版)	2014－03	38.00	334
第19～23届"希望杯"全国数学邀请赛试题审题要津详细评注(高一版)	2014－03	28.00	335
第19～23届"希望杯"全国数学邀请赛试题审题要津详细评注(高二版)	2014－03	38.00	336
第19～25届"希望杯"全国数学邀请赛试题审题要津详细评注(初一版)	2015－01	38.00	416
第19～25届"希望杯"全国数学邀请赛试题审题要津详细评注(初二、初三版)	2015－01	58.00	417
第19～25届"希望杯"全国数学邀请赛试题审题要津详细评注(高一版)	2015－01	48.00	418
第19～25届"希望杯"全国数学邀请赛试题审题要津详细评注(高二版)	2015－01	48.00	419
物理奥林匹克竞赛大题典——力学卷	2014－11	48.00	405
物理奥林匹克竞赛大题典——热学卷	2014－04	28.00	339
物理奥林匹克竞赛大题典——电磁学卷	2015－07	48.00	406
物理奥林匹克竞赛大题典——光学与近代物理卷	2014－06	28.00	345
历届中国东南地区数学奥林匹克试题及解答	2024－06	68.00	1724
历届中国西部地区数学奥林匹克试题集(2001～2012)	2014－07	18.00	347
历届中国女子数学奥林匹克试题集(2002～2012)	2014－08	18.00	348
数学奥林匹克在中国	2014－06	98.00	344
数学奥林匹克问题集	2014－01	38.00	267
数学奥林匹克不等式散论	2010－06	38.00	124
数学奥林匹克不等式欣赏	2011－09	38.00	138
数学奥林匹克超级题库(初中卷上)	2010－01	58.00	66
数学奥林匹克不等式证明方法和技巧(上、下)	2011－08	158.00	134,135
他们学什么:原民主德国中学数学课本	2016－09	38.00	658
他们学什么:英国中学数学课本	2016－09	38.00	659
他们学什么:法国中学数学课本.1	2016－09	38.00	660
他们学什么:法国中学数学课本.2	2016－09	28.00	661
他们学什么:法国中学数学课本.3	2016－09	38.00	662
他们学什么:苏联中学数学课本	2016－09	28.00	679

刘培杰数学工作室
已出版(即将出版)图书目录——初等数学

书　　名	出版时间	定　价	编号
高中数学题典——集合与简易逻辑·函数	2016—07	48.00	647
高中数学题典——导数	2016—07	48.00	648
高中数学题典——三角函数·平面向量	2016—07	48.00	649
高中数学题典——数列	2016—07	58.00	650
高中数学题典——不等式·推理与证明	2016—07	38.00	651
高中数学题典——立体几何	2016—07	48.00	652
高中数学题典——平面解析几何	2016—07	78.00	653
高中数学题典——计数原理·统计·概率·复数	2016—07	48.00	654
高中数学题典——算法·平面几何·初等数论·组合数学·其他	2016—07	68.00	655
台湾地区奥林匹克数学竞赛试题.小学一年级	2017—03	38.00	722
台湾地区奥林匹克数学竞赛试题.小学二年级	2017—03	38.00	723
台湾地区奥林匹克数学竞赛试题.小学三年级	2017—03	38.00	724
台湾地区奥林匹克数学竞赛试题.小学四年级	2017—03	38.00	725
台湾地区奥林匹克数学竞赛试题.小学五年级	2017—03	38.00	726
台湾地区奥林匹克数学竞赛试题.小学六年级	2017—03	38.00	727
台湾地区奥林匹克数学竞赛试题.初中一年级	2017—03	38.00	728
台湾地区奥林匹克数学竞赛试题.初中二年级	2017—03	38.00	729
台湾地区奥林匹克数学竞赛试题.初中三年级	2017—03	28.00	730
不等式证题法	2017—04	28.00	747
平面几何培优教程	2019—08	88.00	748
奥数鼎级培优教程.高一分册	2018—09	88.00	749
奥数鼎级培优教程.高二分册.上	2018—04	68.00	750
奥数鼎级培优教程.高二分册.下	2018—04	68.00	751
高中数学竞赛冲刺宝典	2019—04	68.00	883
初中尖子生数学超级题典.实数	2017—07	58.00	792
初中尖子生数学超级题典.式、方程与不等式	2017—08	58.00	793
初中尖子生数学超级题典.圆、面积	2017—08	38.00	794
初中尖子生数学超级题典.函数、逻辑推理	2017—08	48.00	795
初中尖子生数学超级题典.角、线段、三角形与多边形	2017—07	58.00	796
数学王子——高斯	2018—01	48.00	858
坎坷奇星——阿贝尔	2018—01	48.00	859
闪烁奇星——伽罗瓦	2018—01	58.00	860
无穷统帅——康托尔	2018—01	48.00	861
科学公主——柯瓦列夫斯卡娅	2018—01	48.00	862
抽象代数之母——埃米·诺特	2018—01	48.00	863
电脑先驱——图灵	2018—01	58.00	864
昔日神童——维纳	2018—01	48.00	865
数坛怪侠——爱尔特希	2018—01	68.00	866
传奇数学家徐利治	2019—09	88.00	1110

刘培杰数学工作室
已出版(即将出版)图书目录——初等数学

书　　名	出版时间	定　价	编号
当代世界中的数学. 数学思想与数学基础	2019－01	38.00	892
当代世界中的数学. 数学问题	2019－01	38.00	893
当代世界中的数学. 应用数学与数学应用	2019－01	38.00	894
当代世界中的数学. 数学王国的新疆域(一)	2019－01	38.00	895
当代世界中的数学. 数学王国的新疆域(二)	2019－01	38.00	896
当代世界中的数学. 数林撷英(一)	2019－01	38.00	897
当代世界中的数学. 数林撷英(二)	2019－01	48.00	898
当代世界中的数学. 数学之路	2019－01	38.00	899
105 个代数问题:来自 AwesomeMath 夏季课程	2019－02	58.00	956
106 个几何问题:来自 AwesomeMath 夏季课程	2020－07	58.00	957
107 个几何问题:来自 AwesomeMath 全年课程	2020－07	58.00	958
108 个代数问题:来自 AwesomeMath 全年课程	2019－01	68.00	959
109 个不等式:来自 AwesomeMath 夏季课程	2019－04	58.00	960
110 个几何问题:选自各国数学奥林匹克竞赛	2024－04	58.00	961
111 个代数和数论问题	2019－05	58.00	962
112 个组合问题:来自 AwesomeMath 夏季课程	2019－05	58.00	963
113 个几何不等式:来自 AwesomeMath 夏季课程	2020－08	58.00	964
114 个指数和对数问题:来自 AwesomeMath 夏季课程	2019－09	48.00	965
115 个三角问题:来自 AwesomeMath 夏季课程	2019－09	58.00	966
116 个代数不等式:来自 AwesomeMath 全年课程	2019－04	58.00	967
117 个多项式问题:来自 AwesomeMath 夏季课程	2021－09	58.00	1409
118 个数学竞赛不等式	2022－08	78.00	1526
119 个三角问题	2024－05	58.00	1726
紫色彗星国际数学竞赛试题	2019－02	58.00	999
数学竞赛中的数学:为数学爱好者、父母、教师和教练准备的丰富资源. 第一部	2020－04	58.00	1141
数学竞赛中的数学:为数学爱好者、父母、教师和教练准备的丰富资源. 第二部	2020－07	48.00	1142
和与积	2020－10	38.00	1219
数论:概念和问题	2020－12	68.00	1257
初等数学问题研究	2021－03	48.00	1270
数学奥林匹克中的欧几里得几何	2021－10	68.00	1413
数学奥林匹克题解新编	2022－01	58.00	1430
图论入门	2022－09	58.00	1554
新的、更新的、最新的不等式	2023－07	58.00	1650
几何不等式相关问题	2024－04	58.00	1721
数学归纳法——一种高效而简捷的证明方法	2024－06	48.00	1738
数学竞赛中奇妙的多项式	2024－01	78.00	1646
120 个奇妙的代数问题及 20 个奖励问题	2024－04	48.00	1647

刘培杰数学工作室
已出版(即将出版)图书目录——初等数学

书　名	出版时间	定　价	编号
澳大利亚中学数学竞赛试题及解答(初级卷)1978～1984	2019－02	28.00	1002
澳大利亚中学数学竞赛试题及解答(初级卷)1985～1991	2019－02	28.00	1003
澳大利亚中学数学竞赛试题及解答(初级卷)1992～1998	2019－02	28.00	1004
澳大利亚中学数学竞赛试题及解答(初级卷)1999～2005	2019－02	28.00	1005
澳大利亚中学数学竞赛试题及解答(中级卷)1978～1984	2019－03	28.00	1006
澳大利亚中学数学竞赛试题及解答(中级卷)1985～1991	2019－03	28.00	1007
澳大利亚中学数学竞赛试题及解答(中级卷)1992～1998	2019－03	28.00	1008
澳大利亚中学数学竞赛试题及解答(中级卷)1999～2005	2019－03	28.00	1009
澳大利亚中学数学竞赛试题及解答(高级卷)1978～1984	2019－05	28.00	1010
澳大利亚中学数学竞赛试题及解答(高级卷)1985～1991	2019－05	28.00	1011
澳大利亚中学数学竞赛试题及解答(高级卷)1992～1998	2019－05	28.00	1012
澳大利亚中学数学竞赛试题及解答(高级卷)1999～2005	2019－05	28.00	1013

天才中小学生智力测验题.第一卷	2019－03	38.00	1026
天才中小学生智力测验题.第二卷	2019－03	38.00	1027
天才中小学生智力测验题.第三卷	2019－03	38.00	1028
天才中小学生智力测验题.第四卷	2019－03	38.00	1029
天才中小学生智力测验题.第五卷	2019－03	38.00	1030
天才中小学生智力测验题.第六卷	2019－03	38.00	1031
天才中小学生智力测验题.第七卷	2019－03	38.00	1032
天才中小学生智力测验题.第八卷	2019－03	38.00	1033
天才中小学生智力测验题.第九卷	2019－03	38.00	1034
天才中小学生智力测验题.第十卷	2019－03	38.00	1035
天才中小学生智力测验题.第十一卷	2019－03	38.00	1036
天才中小学生智力测验题.第十二卷	2019－03	38.00	1037
天才中小学生智力测验题.第十三卷	2019－03	38.00	1038

重点大学自主招生数学备考全书:函数	2020－05	48.00	1047
重点大学自主招生数学备考全书:导数	2020－08	48.00	1048
重点大学自主招生数学备考全书:数列与不等式	2019－10	78.00	1049
重点大学自主招生数学备考全书:三角函数与平面向量	2020－08	68.00	1050
重点大学自主招生数学备考全书:平面解析几何	2020－07	58.00	1051
重点大学自主招生数学备考全书:立体几何与平面几何	2019－08	48.00	1052
重点大学自主招生数学备考全书:排列组合·概率统计·复数	2019－09	48.00	1053
重点大学自主招生数学备考全书:初等数论与组合数学	2019－08	48.00	1054
重点大学自主招生数学备考全书:重点大学自主招生真题.上	2019－04	68.00	1055
重点大学自主招生数学备考全书:重点大学自主招生真题.下	2019－04	58.00	1056

高中数学竞赛培训教程:平面几何问题的求解方法与策略.上	2018－05	68.00	906
高中数学竞赛培训教程:平面几何问题的求解方法与策略.下	2018－06	78.00	907
高中数学竞赛培训教程:整除与同余以及不定方程	2018－01	88.00	908
高中数学竞赛培训教程:组合计数与组合极值	2018－04	48.00	909
高中数学竞赛培训教程:初等代数	2019－04	78.00	1042
高中数学讲座:数学竞赛基础教程(第一册)	2019－06	48.00	1094
高中数学讲座:数学竞赛基础教程(第二册)	即将出版		1095
高中数学讲座:数学竞赛基础教程(第三册)	即将出版		1096
高中数学讲座:数学竞赛基础教程(第四册)	即将出版		1097

刘培杰数学工作室
已出版(即将出版)图书目录——初等数学

书　　名	出版时间	定　价	编号
新编中学数学解题方法 1000 招丛书.实数(初中版)	2022—05	58.00	1291
新编中学数学解题方法 1000 招丛书.式(初中版)	2022—05	48.00	1292
新编中学数学解题方法 1000 招丛书.方程与不等式(初中版)	2021—04	58.00	1293
新编中学数学解题方法 1000 招丛书.函数(初中版)	2022—05	38.00	1294
新编中学数学解题方法 1000 招丛书.角(初中版)	2022—05	48.00	1295
新编中学数学解题方法 1000 招丛书.线段(初中版)	2022—05	48.00	1296
新编中学数学解题方法 1000 招丛书.三角形与多边形(初中版)	2021—04	48.00	1297
新编中学数学解题方法 1000 招丛书.圆(初中版)	2022—05	48.00	1298
新编中学数学解题方法 1000 招丛书.面积(初中版)	2021—07	28.00	1299
新编中学数学解题方法 1000 招丛书.逻辑推理(初中版)	2022—06	48.00	1300

高中数学题典精编.第一辑.函数	2022—01	58.00	1444
高中数学题典精编.第一辑.导数	2022—01	68.00	1445
高中数学题典精编.第一辑.三角函数·平面向量	2022—01	68.00	1446
高中数学题典精编.第一辑.数列	2022—01	58.00	1447
高中数学题典精编.第一辑.不等式·推理与证明	2022—01	58.00	1448
高中数学题典精编.第一辑.立体几何	2022—01	58.00	1449
高中数学题典精编.第一辑.平面解析几何	2022—01	68.00	1450
高中数学题典精编.第一辑.统计·概率·平面几何	2022—01	58.00	1451
高中数学题典精编.第一辑.初等数论·组合数学·数学文化·解题方法	2022—01	58.00	1452

历届全国初中数学竞赛试题分类解析.初等代数	2022—09	98.00	1555
历届全国初中数学竞赛试题分类解析.初等数论	2022—09	48.00	1556
历届全国初中数学竞赛试题分类解析.平面几何	2022—09	38.00	1557
历届全国初中数学竞赛试题分类解析.组合	2022—09	38.00	1558

从三道高三数学模拟题的背景谈起:兼谈傅里叶三角级数	2023—03	48.00	1651
从一道日本东京大学的入学试题谈起:兼谈 π 的方方面面	即将出版		1652
从两道 2021 年福建高三数学测试题谈起:兼谈球面几何学与球面三角学	即将出版		1653
从一道湖南高考数学试题谈起:兼谈有界变差数列	2024—01	48.00	1654
从一道高校自主招生试题谈起:兼谈詹森函数方程	即将出版		1655
从一道上海高考数学试题谈起:兼谈有界变差函数	即将出版		1656
从一道北京大学金秋营数学试题的解法谈起:兼谈伽罗瓦理论	即将出版		1657
从一道北京高考数学试题的解法谈起:兼谈毕克定理	即将出版		1658
从一道北京大学金秋营数学试题的解法谈起:兼谈帕塞瓦尔恒等式	即将出版		1659
从一道高三数学模拟测试题的背景谈起:兼谈等周问题与等周不等式	即将出版		1660
从一道 2020 年全国高考数学试题的解法谈起:兼谈斐波那契数列和纳卡穆拉定理及奥斯图达定理	即将出版		1661
从一道高考数学附加题谈起:兼谈广义斐波那契数列	即将出版		1662

刘培杰数学工作室
已出版(即将出版)图书目录——初等数学

书　　名	出版时间	定　价	编号
代数学教程.第一卷,集合论	2023－08	58.00	1664
代数学教程.第二卷,抽象代数基础	2023－08	68.00	1665
代数学教程.第三卷,数论原理	2023－08	58.00	1666
代数学教程.第四卷,代数方程式论	2023－08	48.00	1667
代数学教程.第五卷,多项式理论	2023－08	58.00	1668
代数学教程.第六卷,线性代数原理	2024－06	98.00	1669

中考数学培优教程——二次函数卷	2024－05	78.00	1718
中考数学培优教程——平面几何最值卷	2024－05	58.00	1719
中考数学培优教程——专题讲座卷	2024－05	58.00	1720

联系地址:哈尔滨市南岗区复华四道街 10 号　**哈尔滨工业大学出版社刘培杰数学工作室**
邮　　编:150006
联系电话:0451－86281378　　13904613167
E-mail:lpj1378@163.com